米奇·阿尔博姆作品

TUESDAYS WITH MORRIE

相约星期二

〔美〕米奇·阿尔博姆 著　吴 洪 译

上海译文出版社

图书在版编目(CIP)数据

相约星期二/(美)阿尔博姆(Albom,M.)著;
吴洪译. —上海:上海译文出版社,2007.7(2025.5 重印)
书名原文:Tuesdays With Morrie
ISBN 978-7-5327-4270-7

Ⅰ.相… Ⅱ.①阿… ②吴… Ⅲ.人生哲学—通俗读物 Ⅳ.B821-49
中国版本图书馆 CIP 数据核字 (2007) 第 049900 号

Mitch Albom
Tuesdays With Morrie

图字:09-1998-160 号

相约星期二 〔美〕米奇·阿尔博姆/著 吴洪/译

上海译文出版社有限公司出版、发行
网址:www.yiwen.com.cn
201101 上海市闵行区号景路 159 弄B座
浙江新华数码印务有限公司印刷

开本 890×1240 1/32 印张 6.75 插页 2 字数 70,000
2007 年 7 月第 1 版 2025 年 5 月第 38 次印刷
印数:408,351-416,350 册

ISBN 978-7-5327-4270-7
定价:49.00 元

最后的课程

——《相约星期二》中文版序

一

我们人类的很多行为方式是不可思议的，有时偶然想起，总会暗暗吃惊。

譬如，其中一件怪事，就是人人都在苦恼人生，但谁也不愿意多谈人生。稍稍多谈几句的，一是高中毕业生，动笔会写"生活的风帆啊"之类的句子；二是街头老大娘，开口会发"人这一辈子啊"之类的感叹。兼有人生阅历和思考水平的人，一般就不谈人生了，这是为什么呢？

因为这个问题太浅？显然不是。

因为这个问题太深？有这个因素，但人们历来都有探求艰深的好奇，就连大得无法想象的宏观世界和小得无法想象的微观世界都成了热闹的研究对象，怎么对人生问题的探求却寥落至此？

我觉得，大多数智者躲避这个问题，是因为领悟到自己缺少谈论的资格。再大的专家也不能说自己是人生领域的专家，一时的感悟又怎能保证适合今后、适合别人？一个人在事业上的成功远不是人生上的成功，一个领导者可以在诸多方面训斥下属却必须除开人生。

——越有教养越明白这些道理，因此就越少谈论。

但是，谁都想听听。

身在人生而蒙昧于人生，蒙昧得无从谈论，无从倾听，这实在是一种巨大的恐怖。能不能试着谈起来呢？有人这样做过，但结果总是让人遗憾。大多是一些浅陋而造作的小故事，不知真有其事还是故意编造的，然后发几句评述，吐一点感慨，好像一谈人生，作者和读者都必须一起返回到极幼稚的年岁；也有一些著名学者参与谈论，像欧洲的那位培根，但不知怎么一谈人生就丢开了推理分析过程，只剩下了一堆武断的感想和结论，读起来倒也顺畅，一到实际生活中却难于印证，联想到作者本人不甚美好的人品和经历，这些谈论的价值自然就不会很高。

我曾设想过，什么样的人谈人生才合适。想来想去，应该是老人，不必非常成功，却一生大节无亏，受人尊敬，而且很抱歉，更希望是来日无多的老人，已经产生了强烈的告别意识，因而又会对人生增添一种更超然的鸟瞰方位。但是，找啊找，等啊等，发现相继谢世的老人们很少留下这方面的言论，他们的最后岁月往往过得很具体，全部沉溺在医疗的程序、后事的嘱托、遗产的分割等等实际事务上，在病房杂乱的脚步声中，老人浑浊的双眼是否突然一亮，想讲一些超越实际事务的话语？一定有过的，但身边的子女和护理人员完全不会在意，只劝老人省一点精神，好好休息。老人的衰弱给了他们一种假象，以为一切肢体的衰弱必然伴随着思维的衰弱。其实，老人在与死亡近距离对峙的时候很可能会有超常的思维迸发，这种迸发集中了他一生的热量又提纯为青蓝色的烟霞，飘忽如缕、断断续续，却极其珍贵，人们只在挽救着他衰弱的肢体而不知道还有更重要的挽救。多少父母临终前对子女的最大抱怨，也许正是在一片哭声、喊声中没有留出一点安静让他们把那些并不具体的人生话语说完。

也有少数临终老人，因身份重要而会面对一群宁静而恭敬的聆听者和记录者。他们的遗言留于世间，大家都能读到，但多数属于对自己功过的总结和感叹，对未竟事业的设想和安排，也有人生意蕴，却不以人生为焦点。死亡对他们来说，只是一项事业的中断；生命乐章在尾声处的撼人魅力，并没有以生命本身来演奏。

凡此种种，都是遗憾。

于是，冥冥中，大家都在期待着另一个老人。他不太重要，不必在临终之时承担太多的外界使命；他应该很智慧，有能力在生命的绝壁上居高临下地来俯视众生；他应该很了解世俗社会，可以使自己的最终评判产生广泛的针对性；他，我硬着心肠说，临终前最好不要有太多子女围绕，使他有可能系统有序地说完自己想说的话，就像一个教师在课堂里一样——那么对了，这位老人最好是教师，即便在弥留之际也保留着表述能力，听讲者，最好是他过去的学生……

这种期待，来自多重逻辑推衍，但他果然出现了，出现于遥远的美国，出现后又立即消失。一切与我们的期待契合。

他叫莫里·施瓦茨，社会学教授，职业和专业与我们的期待简直天衣无缝。他已年迈，患了绝症，受一家电视台的“夜线”节目采访，被他十六年前的一位学生，当今的作家、记者米奇·阿尔博姆偶尔看到，学生匆匆赶来看望即将离世的老师，而老师则宣布要给这位学生上最后一门课，每星期一次，时间是星期二。这样的课程没有一位学生会拒绝，于是，每星期二，这位学生坐飞机飞行七百英里，赶到病床前去上课。

这门课讲授了十四个星期，最后一堂则是葬礼。老师谢世后，这位学生把听课笔记整理了一下交付出版，题目就叫《相约星期二》，这本书引起了全美国的轰动，连续四十四周名列美国图书畅销排行榜。

看来，像我一样期待着的人实在不少，而且不分国籍。

二

翻阅这份听课笔记时我还留有一点担心，生怕这位叫莫里的老人在最后的课程中出现一种装扮。病危老人的任何装扮，不管是稍稍夸张了危急还是稍稍夸张了乐观，都是可以理解的，但又最容易让人不安。

莫里老人没有掩饰自己的衰弱和病况。学生米奇去听课时，需要先与理疗师一起拍打他的背部，而且要拍得很重，目的是要拍打出肺部的毒物，以免肺部因毒物而硬化，不能呼吸。请想一想，学生用拳头一下一下重重地叩击病危老师裸露的背，这种用拳头砸出最后课程的情景是触目惊心的，没想到被砸的老师喘着气说："我……早就知道……你想……打我……！"

学生接过老师的幽默，说："谁叫你在大学二年级时给了我一个 B！ 再来一下重的！"

——读到这样的记述，我就放心了。莫里老人的心态太健康了，最后的课程正是这种健康心态的产物。

他几乎是逼视着自己的肌体如何一部分一部分衰亡的，今天到哪儿，明天到哪儿，步步为营，逐段摧毁，这比快速死亡要残酷得多，简直能把人逼疯。然而莫里老人是怎样面对的呢？

他说，我的时间已经到头了，自然界对我的吸引力就像我第一次看见它时那样强烈。

他觉得也终于有了一次充分感受身体的机会，而以前却一直没有这么做。

对于别人的照顾，开始他觉得不便，特别是那种作为一位绅士最不愿意接受的暴露和照顾，但很快又释然了，说：

我感觉到了依赖别人的乐趣。现在当他们替我翻身、在我背上涂擦防止长疮的乳霜时，我感到是一种享受。当他们替我擦脸或按摩腿部时，我同样觉得很受用。我会闭上眼睛陶醉在其中。一切都显得习以为常了。

这就像回到了婴儿期。有人给你洗澡，有人抱你，有人替你擦洗。我们都有过当孩子的经历，它留在了你的大脑深处。对我而言，这只是在重新回忆起儿时的那份乐趣罢了。

这种心态足以化解一切人生悲剧，然而作为教师，他又必须把这种化解上升为课程。他对学生说，有一个重要的哲理需要记住：拒绝衰老和病痛，一个人就不会幸福。因为衰老和病痛总会来，你为此担惊受怕，却又拒绝不了它，那还会有幸福吗？他由此得此结论：

你应该发现你现在生活中的一切美好、真实的东西。回首过去会使你产生竞争的意识，而年龄是无法竞争的。……当我应该是个孩子时，我乐于做个孩子；当我应该是个聪明的老头时，我也乐于做个聪明的老头。我乐于接受自己赋予我的一切权力。我属于任何一个年龄，直到现在的我。你能理解吗？我不会羡慕你的人生阶段——因为我也有过这个人生阶段。

这真是一门深刻的大课了。环顾我们四周，有的青年人或漠视青春，或炫耀强壮；有的中年人或揽镜自悲，或扮演老成；有的老年人或忌讳年龄，或倚老卖老……实在都有点可怜，都应该来听听莫里老人的最后课程。

特别令我感动的是，莫里老人虽然参透了这一切，但在生命的最后几天还在恭恭敬敬地体验，在体验中学习，在体验中备课。体验什么呢？体验死亡的来临。他知道这是人生课程中躲避不开的重要一环，但在以前却无法预先备课。就在临终前的几天，他告诉学生，做了一个梦，在过一座桥，去到一个陌生的地方。“我感觉到我已经能够去了，你能理解吗？”

当然能理解，学生安慰性地点头，但老人知道学生一定理解不深，因为还缺少体验，于是接下来的话又是醍醐灌顶：如果早知道面对死亡可以这样平静，我们就能应付人生最困难的事情了。

什么是人生最困难的事情？学生问。

——与生活讲和。

一个平静而有震撼力的结论。

在死亡面前真正懂得了与生活讲和，这简直是一个充满哲理的审美现场。莫里老人说，死亡是一种自然，人平常总觉得自己高于自然，其实只是自然的一部分罢了。那么，就在自然的怀抱里讲和吧。

讲和不是向平庸倒退，而是一种至高的境界，莫里的境界时时让大家喜悦。那天莫里设想着几天后死亡火化时的情景，突然一句玩笑把大家逗乐了：“千万别把我烧过了头。”

然后他设想自己的墓地。他希望学生有空时能去去墓地，还有什么问题尽管问。

学生说，我会去，但到时候听不见你的说话了。

莫里笑了，说：到时候，你说，我听。

山坡上，池塘边，一个美丽的墓地。课程在继续，老师闭眼静躺，学生来了，老师早就嘱咐过：你说，我听。说说你遇到的一切麻烦问题，我已作过提示，答案由你自己去寻找，这是课外作业。

境界，让死亡也充满韵味。

死亡，让人生归于纯净。

三

描画至此，我想人们已可想象这门最后课程的主要内容。

莫里老人在乐滋滋地体验死亡的时候，更觉得有许多重要的问题需要告诉学生和社会。

他不希望把最后发现的“重大问题”留给只听不说的静宁墓地。这个重大问题，简单说来就是对人类文化的告别性反思。

莫里老人认为，人类的文化和教育造成了一种错误的惯性，一代一代地误导下去，应该引起人们注意。

什么误导呢？

我们的文化不鼓励人们思考真正的大问题，而是吸引人们关注一大堆实利琐事。上学、考试、就业、升迁、赚钱、结婚、贷款、抵押、买车、买房、装修……层层叠叠，一切都是为了活下去，而且总是企图按照世俗的标准活得像样一些，大家似乎已经很不习惯在这样的思维惯性中后退一步，审视一下自己，问：难道这就是我一生所需要的一切？

由于文化不鼓励这种后退一步的发问，因此每个人真实的需要被掩盖了，“需要”变成了“想要”，而“想要”的内容则来自于左顾右盼后与别人的盲目比赛。明明保证营养就够，但所谓饮食文化把这种实际需要推到了山珍海味、极端豪华的地步；明明只求舒适安居，但装潢文化把这种需要异化为宫殿般的奢侈追求……大家都像马拉松比赛一样跑得气喘吁吁，劳累和压力远远超过了需要，也超过了享受本身。莫里老人认为，这是文化和教育灌输的结果。他说：

拥有越多越好。钱越多越好。财富越多越好。商业行为也是越多越好。越多越好。越多越好。我们反复地对别人这么说——别人又反复地对我们这么说——一遍又一遍，直到人人都认为这是真理。大多数人会受它迷惑而失去自己的判断能力。

莫里老人认为这是美国教育文化的主要弊病。我想在这一点上我们中国人没有理由沾沾自喜，觉得弊病比他们轻。在过去经济不景气的时代，人们想拥有物质而不可能，在权位和虚名的追逐上也是越多越好，毫不餍足，其后果比物质追求更坏，这是大家都看到了的；等到经济生活逐步展开，原先的追求并不减退，又快速补上物质的追求，真可以说是变本加厉，这也是大家都看到了的。

莫里老人想呼吁人们阻断这种全球性的文化灌输，从误导的惯性里走出来。

他认为躲避这种文化灌输不是办法，实际上也躲不开。躲不开还在躲，那就是虚伪。

唯一的办法是不要相信原有文化，为建立自己的文化而努力。

莫里老人很温和，不想成为破旧立新的闯将。他说，在文化的一般性生活准则上，我们仍然可以遵循，例如人类早已建立的交通规则、文明约定，没必要去突破；但对于真正的大问题，例如疏离盲目的物质追逐、确立对社会的责任和对他人的关爱等等，必须自己拿主意，自己作判断，不允许任何能言善辩的旁人和从者如云的诱惑，来代替自己的选择。简言之，不要落入“他人的闹剧”。

临终前几天，他思考了一个人的最低需要和最高需要，发现两者首尾相衔。他与学生讨论，如果他还有一个完全健康的一天，他会做什么。他想来想去，最满意的安排是这样的：

早晨起床，进行晨练，吃一顿可口的、有甜面包卷和茶的早餐。然后去游泳，请朋友们共进午餐，我一次只请一两个，于是我们可以谈他们的家庭，谈他们的问题，谈彼此的友情。

然后我会去公园散步，看看自然的色彩，看看美丽的小鸟，尽情地享受久违的大自然。

晚上，我们一起去饭店享用上好的意大利面食，也可能是鸭子——我喜欢吃鸭子——剩下的时间就用来跳舞。我会跟所有的人跳，直到跳得精疲力竭。然后回家，美美地睡上一个好觉。

学生听了很惊讶，连忙问："就这些？"老人回答："就这些。"不可能再有的一天，梦幻中的二十四小时，居然不是与意大利总统共进午餐，或去海边享受奇异和奢侈！但再一想，学生明白了：这里有一切问题的答案。

如果就个人真正需要而言，一切确实不会太多，甜面包卷和茶，最多是喜欢吃鸭子，如此而已。意大利总统的午餐，奇异和奢侈，全是个人实际需要之外的事。于是，在无情地破除一系列自我异化的物态追求之后，自私因无聊而受到嘲弄；真正的自我在剥除虚妄后变得既本真又空灵，自我与他人的关系，与社会的关系放到了人生追寻的中心。在莫里看来，只要明白了什么是真实的需要，就会走向关爱和奉献。他在最后的课程中一遍遍重申：

人生最重要的是学会如何施爱于人，并去接受爱。

爱是唯一的理性行为。

相爱，或者死亡。

没有了爱，我们便成了折断翅膀的小鸟。

莫里老人对爱的呼唤，总是强调社会的针对性：

在这个社会，人与人之间产生一种爱的关系是十分重要的，因为我们文化中的很大一部分并没有给予你这种东西。

要有同情心，要有责任感。只要我们学会了这两点，这个世界就会美好得多。

给予他们你应该给予的东西。

把自己奉献给爱，把自己奉献给社区，把自己奉献给能给予你目标和意义的创造。

我忍不住摘录了莫里老人的这么多话，我想人们如果联想到这些话字字句句出自一个靠着重力敲打才能呼吸的老人的口，一定也会同样珍惜。他的这些话是说给学生米奇听的，米奇低头在本子上记录，目的是为了不让老人看到自己的眼睛。米奇的眼神一定有点慌乱，因为他毕业后狠命追求的东西正是老人宣布要摈弃的，而老人在努力呼吁的东西，自己却一直漠然。老人发现了学生的神情，因此讲课变成了劝告：

米奇，如果你想对社会的上层炫耀自己，那就打消这个念头，他们照样看不起你。如果你想对社会底层炫耀自己，也请打消这个念头，他们只会忌妒你。身份和地位往往使你无所适从，唯有一颗坦诚的心方能使你悠悠然地面对整个社会。

说到这里，他停顿了，看了学生一眼，问："我就要死了，是吗？"学生点头。他又问："那我为什么还要去关心别人呢？难道我自己没在受罪？"

这是一个最尖锐的问题。莫里老人自己回答道：

我当然在受罪。但给予他人，能使我感到自己还活着。汽车和房子不能给你这种感觉，镜子里照出的模样也不能给你这种感觉。只有当我奉献出了时间，当我使那些悲伤的人重又露出笑颜，我才感到我仍像以前一样健康。

这样，他就道出了生命的本质意义，在我看来，这就是莫里老人最后课程的主旨。

因此，学生懂了：老人的健康心态不仅仅是心理调节的结果，他有一种更大的胸怀。床边的人在为他的病痛难过，他却因此想到了世界上比自己更痛苦的人，结果全部自身煎熬都转化成了关爱；学生不止一次发现，原来为了分散他的病痛而让他看新闻，而他却突然扭过头去，为新闻中半个地球之外的人在悄悄流泪。

四

老人的这种胸怀，是宣讲性的，又是建设性的，直到生命的最后时刻还在建设。因此，请原谅他把最后的课程延宕到如此危急的时分，他的有些感受，是刚刚才获得的。譬如他此刻又流泪了，是为自己没有原谅一位老友而后悔。老友曾让自己伤心，但现在他死了，死前曾多次要求和解，均遭自己拒绝。现在莫里一回想，无声地哭泣起来，泪水流过面颊，淌到了嘴唇。但他立即又意识到，应该原谅别人，也应该原谅自己，至少在今天，不能让自己在后悔中不可自拔。人生，应该沉得进去，拔得出来。

这是一种身心的自我洗涤，洗去一切原先自认为合理却不符合关爱他人、奉献社会的大原则的各种污浊，哪怕这种污浊隐藏在最后一道人生缝隙里。他把自己当作了课堂上的标本，边洗涤、边解剖、边讲解，最后的感受就是最后一课，作为教师，他明白放弃最后一课意味着什么。

由此想到天下一切教师，他们在专业教育上的最后一课都有案可查，而在人生课程上，最后一课一定也会推延到弥留之际，可惜那时他们找不到学生了，缥缈的教室里空无一人，最重要的话语还没有吐出，就听到了下课铃声。

毕竟莫里厉害，他不相信一个教师张罗不出一个课堂，哪怕已到了奄奄一息的时分。果然他张罗起来了，允许电视镜头拍下自己的衰容，然后终于招来学生，最后，他知道，这门课程的听讲者将会遍布各地。既能在任何时候准备讲课内容，又能在任何情况下设计讲课环境，这才是真正合格的教师，瘦小的莫里当之无愧。

一天，他对米奇说，他已经拟定自己墓碑的碑文。碑文是："一个终身的教师。"

十分收敛，又毫不谦虚。他以最后的课程，表明了这一头衔的重量。

现在，他已在这个碑文下休息，却把课堂留下了。课堂越变越大，眼看已经延伸到我们中国来了。我写这篇文章，是站在课堂门口，先向中国的听课者们招呼几声。课，每人自己慢慢去听。

正要搁笔，脑海中怎么也挥不去远方老人的身影。他在调皮地眨眼，说"我早就知道你想打我"，说"千万别把我烧过了头"……那么，我们真的不要在另一个意义上把他"烧过了头"，即便大家都接受了他的课程。是的，他只是一位普通的教师，讲了一辈子课，最后一课有关人生。

余秋雨

1998.10

相约星期二

一个老人，一个年轻人，和一堂人生课

必修课程

我的老教授一生中的最后一门课每星期上一次，授课的地点在他家里，就在书房的窗前，他在那儿可以看到淡红色树叶从一棵小木槿上掉落下来。课在每个星期二上，吃了早餐后就开始。课的内容是讨论**生活的意义**，是用他的亲身经历来教授的。

不打分数，也没有成绩，但每星期都有口试。你得准备回答问题，还得准备提出问题。你还要不时干一些体力活，比如把教授的头在枕头上挪动一下，或者把眼镜架到他的鼻梁上。跟他吻别能得到附加的学分。

课堂上不需要书本，但讨论的题目很多，涉及到爱情，工作，社会，年龄，原谅，以及死亡。最后一节课很简短，只有几句话。

毕业典礼由葬礼替代了。

虽然没有课程终结考试，但你必须就所学的内容写出一篇长长的论文。这篇论文就在这里呈交。

我的老教授一生中的最后一门课只有一个学生。

我就是那个学生。

※

那是1979年的春末，一个溽热的星期六下午。我们几百个学生并排坐在校园大草坪的木折椅上。我们穿着蓝色的毕业礼服，不耐烦地听着冗长的讲话。当仪式结束时，我们把帽子抛向空中：马萨诸塞州沃尔瑟姆市布兰代斯大学的毕业班终于学成毕业了。对我们大多数人来说，这标志着孩提时代的结束。

随后，我找到了莫里·施瓦茨，我最喜欢的教授，并把他介绍给了我的父母。他个子矮小，走起路来也弱不禁风似的，好像一阵大风随时都会把他拂入云端。穿着长袍的他看上去像是《圣经》里的先知，又像是圣诞夜的精灵。他有一双炯炯有神的蓝眼睛，日见稀少的白发覆在前额上，大耳朵，鹰勾鼻，还长着两撮灰白的眉毛。尽管他的牙齿长得参差不齐，下面一排还向里凹陷——好像挨过别人的拳头似的——可他笑的时候仍是那么的毫无遮拦，仿佛听到的是世界上最大的笑话。

他告诉我父母我在他的课上的表现。他对他们说，“你们有一个不同寻常的儿子。”我有些害羞，低下头望着自己的脚。告别时，我递给教授一件礼物：一只正面印有他名字首字母的皮包。那是前一天我在一个购物中心买的，我不想忘了他。也许我是不想让他忘了我。

“米奇，你是最优秀的，”他欣赏着皮包说。然后他拥抱了我。我感觉到他搂在我背上的细细的臂膀。我个子比他高，当他抱住我时，我感到很不自在，感到自己大了许多，似乎我是家长，他是孩子。

他问我会不会和他保持联系。我毫不迟疑地回答说，“当然会。”

他往后退去时，我看见他哭了。

课程大纲

他的死亡判决是在1994年的夏天下达的。回想起来，莫里很早就预感到了这一凶兆。他是在终止跳舞的那一天预感到的。

我的老教授一直是个舞迷。音乐对他来说无关紧要，摇滚乐，爵士乐，布鲁斯。他就是喜欢跳。他会闭上眼睛，悠然自得地按着自己的节奏移动脚步。他的舞姿并非总是那么优美。但他不用担心舞伴。他自己一个人跳。

他每个星期三的晚上都要去哈佛广场的那个教堂，为的是那场"免费舞会"。那里有闪烁的灯光和大音量的喇叭，莫里挤在大部分是学生的人群中，穿一件白色的T恤和黑色运动裤，脖子上围一条毛巾，不管奏的是什么乐曲，他都能跟上节拍跳。他能和着吉米·亨德里克斯的歌曲跳林迪舞[1]。他扭动、旋转

① 源于哈莱姆区的一种黑人舞蹈，流行于二十世纪三十和四十年代。

着身体，像吃了兴奋剂的指挥那样挥动着手臂，直到背中心流下汗来。那里没人知道他是一个著名的社会学博士，是一位有着多年教学经验、著有多部学术专著的教授。他们都以为他是一个老疯子。

有一次，他带去一盘探戈的音带让他们在扩音器里放。然后他独占了舞池，像一个狂热的拉丁舞迷扭开了。表演一结束，掌声四起。他似乎能永远这么天真活泼下去。

但后来跳舞终止了。

他六十几岁时得了哮喘，呼吸器官出了问题。有一次，当他沿着查尔斯河散步时，一阵凉风使他呛得几乎窒息。人们赶紧把他送进医院，注射了肾上腺素。

几年后，他走路也变得困难起来。在一次朋友的生日聚会上，他无缘无故地跌倒了。另一个晚上，他从剧院的台阶上摔下来，把周围的人群吓了一跳。

“别围住他，让他呼吸新鲜空气，”有人喊道。

他那时已经七十多了，因此人们一边小声议论着“老了”，一边把他扶了起来。但对自己的身体比谁都敏感的莫里知道有地方不对劲。这不仅是年龄的问题。他一直感到乏力。晚上睡眠也成了问题。他梦见自己死了。

他开始去医院，找了不少大夫。他们检查了他的血液，检查了他的尿液，还给他做了肠镜。最后，当什么都没有检查出来时，有一个医生要他做肌肉活组织检查，从他的腿肚子上割下了一块活组织。反馈回来的实验室的报告怀疑他有神经方面的疾病，于是莫里又进医院作了一系列的检查。其中有一项检查是让他坐在一张特殊的椅子上，医生用电流震击他——类似坐电椅——然后观察他的神经反应。

“我们需要作进一步的核对，”医生看着他的试验结果说。

“为什么？”莫里问。“是什么病？”

“我们还无法肯定。你的节奏很慢。”

节奏慢？那是什么意思？

最后，在 1994 年 8 月的一个异常闷热的日子，莫里和他妻子夏洛特去了神经科医生的诊所，医生让他们坐下，然后宣布了病情：莫里得了肌萎缩性（脊髓）侧索硬化（ALS），即卢・格里克氏症[1]，这是一种凶险、无情的神经系统疾病。

没有治疗的方法。

“我是怎么得病的？”莫里问。

没人知道。

“是不治之症？”

是的。

---

① 卢・格里克是美国棒球运动员，患此症病故，后此疾病以他的名字命名。

"那么我快死了?"

是的,你快死了,医生说。非常遗憾。

他同莫里和夏洛特坐了将近两小时,耐心地回答他们的问题。当他们离去时,他给了他们一些有关 ALS 的资料:几本小册子,似乎他们是在开银行账户。外面阳光朗照,人们忙着各自的事情。一位妇女急匆匆地往停车收费机里投钱,另一个拎着食品杂货走过。夏洛特的脑海里翻腾着无数个念头:我们还剩多少时间?我们该如何应付?我们该怎么支付这笔医药费?

我的老教授则为他周围的正常生活节奏而感到震惊。难道世界仍是那么的无动于衷?难道没人知道我的厄运?

然而地球并没有停转,它丝毫也没在意。当莫里无力地拉开车门时,他觉得自己好像掉入了一个深穴。

"现在该怎么办?"他寻思着。

就在他寻找答案时,疾病却日复一日、周复一周地侵蚀着他。一天早晨,他把车子从车库里倒出来,因踩不住刹车而只好熄掉了引擎。从此他便告别了驾驶。

他经常绊倒,于是他买了根拐杖。从此他便告别了正常的行走。

他仍定期去青年会游泳，但发现自己换衣服有了困难，于是他雇了个家庭护理工——一位名叫托尼的神学系学生——他帮莫里进出水池，帮他更换衣服。更衣室里，人们装着不去注视他。但他们还是看到了。从此他便告别了自己的隐私。

1994年的秋天，莫里去坐落在山坡上的布兰代斯校园上他最后的一堂课。当然，他完全可以不去上的。学校方面能够理解。何必要在众人面前受折磨？呆在家里。安排好自己的事情。但莫里没有想到要放弃。

他步履不稳地走进教室，走进他生活了三十多年的家。由于拿着拐杖，他手脚不利索地来到座位旁。他终于坐了下去，从鼻梁上取下眼镜，望着一张张在一片死寂中注视着他的年轻的脸。

“我的朋友们，我想你们来这儿是为了上社会心理课的。这门课我已经教了二十年，这是我第一次想说，修这门课有点冒风险，因为我得了绝症。我也许活不到这个学期的结束。

“如果你们觉得这是个麻烦而想放弃这门课，我完全能够理解。”

他笑了。

从此他的病便不再是秘密。

ALS就如同一支点燃的蜡烛，它不断熔化你的神经，使你的躯体变成一堆蜡。通常它从腿部开始，然后慢慢向上发展。等你不能控制大腿肌肉时，你就无法再站立起来。等你控制不了躯干的肌肉时，你便无法坐直。最后，如果你还活着的话，你只能通过插在喉部的一根管子呼吸，而你清醒的神志则被禁锢在一个软壳内。或许你还能眨眨眼睛，动动舌头，就像科幻电影里那个被冰冻在自己肉体内的怪物一样。这段时间不会超过五年。

医生估计莫里还有两年的时间。

莫里知道还要短。

但我的老教授却作出了一个重大的决定，这个决定是在他头顶悬着利剑、走出诊所的那天就想到的。我就这样枯竭下去直到消亡？还是不虚度剩下的时光？他问自己。

他不甘枯竭而死。他将勇敢地去面对死亡。

他要把死亡作为他最后的一门课程，作为他生活的主要课题。既然每个人都有一死，他为何不能死有所值呢？他可以让别人去研究。他可以成为一本人的教科书。研究我缓慢而耐心的死亡过程。观察在我身上发生的一切。从我这儿学到点什么。

莫里将走过最后那座连接生与死的桥梁，并诠释出这段旅程。

秋季学期过得很快。药的剂量又增加了。理疗已经成了日常的例行公事，护士去他家中帮助他活动日见萎缩的大腿，使它的肌肉能保持活力，他们像从井中抽水那样上下屈展着他的腿。按摩师每星期来一次，舒缓他不时感到的肌肉僵硬。他还请了默念师，在其指导下闭上眼睛，集中意念，直到他的世界渐渐化成一口气，吸进吐出，吸进吐出。

一天，他拄着拐杖走上了人行道，然后摔倒在马路上。拐杖换成了学步车。他的身体越来越虚弱，来去卫生间也使他不堪重负了。于是，莫里开始用一只大口瓶小便。他小便时还得扶住自己，这就意味着必须有人替他拿瓶子。

我们大多数人会因此而感到难堪，尤其是到了莫里这样的年龄。但莫里却和我们不同。当熟悉的同事们来看望他时，他会对他们说，“听着，我要尿尿了。你能替我拿着瓶子吗？你行吗？”

通常他们都能这么做，连他们自己也感到惊讶。

事实上，他接待了越来越多的来访者。他和一些讨论小组的成员一起讨论死亡，讨论死亡的真正含义，讨论各个社会阶层是怎样由于对它的无知而惧怕它。他对他的朋友们说，如果他们真的想帮助他，那就不要光是同情，而是多来看望他，给他打电话，让他分享他们遇到的难题——就像他一直做的那样，莫里是个出色的听众。

尽管有那么多那么多的变化，但他的声音仍是那么有力，那么吸引人，他的脑子仍在活跃地思维。他要证明一件事：来日无多和毫无价值不是同义词。

新年乍来即去。虽然莫里对谁都没说，可他知道 1995 年将是他生命中的最后一年。他现在已经用上了轮椅，他在争取时间对所有他爱的人说他想说的话。当布兰代斯大学的一位同事因心脏病突然去世时，莫里去参加了他的葬礼。回来后他显得很沮丧。

“太可惜了，”他说。“他们在葬礼上说得那么好，可艾文再也听不到了。”

莫里有了个念头。他打了几个电话，选好了日子。在一个寒冷的星期天下午，他的家人和几个好友在家里为他举行了“活人葬礼”。每个人向我的老教授致了悼词。有的哭。有的笑。有位女士念了一首诗：

“我亲爱的表哥……
你那颗永不显老的心

随着时光的流逝，将变成一棵
稚嫩的红杉……”

莫里随着他们又哭又笑。所有情真意切的话语都在那天说了。他这场“活人葬礼”取得了非凡的效果。

只是莫里并没有死。

事实上，他生命中最不寻常的一页即将掀开。

学　生

现在,我必须交代一下自从那个夏日我最后一次拥抱了我那位可亲、睿智的教授、并答应和他保持联系后我所发生的变化。

我没有和他联系。

事实上,我同学校的大部分人都失去了联系,包括我的酒友和第一个和我早晨一起醒来的女朋友。毕业后的几年把我磨炼成了另一个人,他身上再也没有那个当年离开校园准备去纽约向全世界贡献才智的年轻人的影子了。

我发现,这个世界并不那么吸引人。我浑浑噩噩地打发着二十刚出头的那几年:付房租,看广告,寻思着生活为何不向我开绿灯。我的梦想是成为一个大音乐家(我那时在弹钢琴),但几年昏暗、空虚的夜总会生活,从不兑现的允诺,不断拆散的乐队以及除了我对谁都感兴趣的制作人，终于使我的梦想变了味。我第一次在生活中成了失败者。

与此同时，我第一次真正见到了死亡。我最亲近的舅舅，我母亲的弟弟，那个为我取名、教我音乐、教我驾驶、和我开姑娘的玩笑、和我玩足球的人——那个在我眼里仍是个孩子、也是我长大后要学习的楷模——在他四十四岁那年死于了胰腺癌。他是个矮小、漂亮的男人，长着浓浓的胡子。在他生命的最后一年我一直陪伴着他，我住在他楼下的一间公寓里。我看着他强壮的身体一天天瘦削下去，然后又开始浮肿，看着他整夜整夜地受罪：身体趴在餐桌上，手按着肚子，闭着眼睛，嘴巴痛得都变了形。"噢——上帝，"他常常呻吟不止。"噢——耶稣！"其余的人——我舅妈、他两个年少的儿子，以及我——则站在一旁，默默地收拾着盘子，眼睛躲避着这痛苦的场面。

这是我一生中感到最无能为力的时刻。

一天晚上，那是在五月，舅舅和我坐在他寓所的阳台上。天气很暖和，微风习习。他望着远处，从牙缝里硬挤出几句话来，他说他看不到他的儿子读下一个学期了，问我能不能照顾好他们。我让他别这么说。他哀伤地望着我。

几个星期后他去世了。

葬礼之后，我的生活改变了。我感觉到时间突然变得宝贵起来，年华似水，而我却追赶不上。我不再去空着一半座位的俱乐部弹琴，不再呆在屋子里写那些没人要听的歌。我又回到了学校，读完了新闻专业的硕士学位，并找到了一份体育记者的工作。我不再追求自己的名望，转而开始写那些渴望成名的运动员。我给报纸和杂志专栏撰稿。我夜以继日、没有节制地工作着。我早上醒来后，刷完牙便穿着睡衣坐到了打字机前。我舅舅过去在一家公司工作，他后来十分怨恨这份工作——天天老一套——于是我发誓不要有他那样的结局。

我从纽约又跳槽到佛罗里达，最后在底特律找了一份工作，当《底特律自由报》的专栏作家。这个城市对体育有着疯狂的需求——它有职业的橄榄球队、篮球队、棒球队和冰球队——这给我雄心勃勃的理想提供了机会。几年后，我除了撰写体育报道评论外，还开始写体育方面的专著，制作广播节目，经常在电视上抛头露面，对暴富的橄榄球明星和好矫饰的大学体育活动评头论足。我成了淹没这个国家的传媒风暴的一部分。人们需要我。

我不再租房，开始买房。我买了一幢山间别墅。我买了汽车。我投资股市并建立了有价证券组合。我就像一辆推到最高挡速的车子运行着，任何事情我都规定了最后日期。我玩命似地锻炼身子，发疯似地开着汽车。我赚的钱超过了我的期望值。我遇上了一位名叫詹宁的黑发姑娘，她很爱我，不嫌弃我毫无时间规律的工作。经过七年的恋爱我们结了婚。婚后一个星期我便回到了工作堆里。我对她说——也是对自己说——我们会生儿育女成立一个家庭的，这是她渴望的事情。可那一天却遥遥无期。

相反，我仍热衷于工作上的成就，因为只有成就感能使我相信我在主宰自己，我可以在末日到来之前享受到每一份最后的快乐。我认为舅舅的厄运也将是我命中注定的结局。

至于莫里？是的，我时常会想起他，想起他教我如何“做人”，如何“与人相处”。但这一切总显得有些遥远，似乎来自另一种生活。这几年里，凡是从布兰代斯大学寄来的邮件都被我扔进了废纸篓，我认为它们无非是来募捐的。因此我毫不知晓莫里得病的情况。那些能告诉我的人早已被我遗忘了，他们的电话号码早已束之高阁，埋在了顶楼小屋的某个盒子里。

要不是那天晚上我随手调换电视频道时偶尔听见了那几句话，我的生活仍会这样继续下去。

视听教学

1995年的3月，一辆小客车带着美国广播公司“夜线”电视节目的主持人特德·科佩尔驶到了马萨诸塞州西纽顿的莫里家外面覆盖着积雪的路缘上。

莫里现在整天坐着轮椅，他已经习惯了让助手把他像沙袋一样从轮椅上搬到床上，从床上搬到椅子上。他吃东西的时候也会咳嗽，嚼咽食物成了件困难的事。他的两腿已经死了，再也无法行走。

然而，他不想因此而沮丧。相反，他的思维比以前更加活跃。他把自己的思想随手写在黄拍纸簿、信封、文件夹或废纸上。他片言只语地写下了自己在死亡的阴影下对生活的思考：“接受你所能接受和你所不能接受的现实”；“承认过去，不要否认它或抛弃它”；“学会原谅自己和原谅别人”；“生活中永远别说太迟了”。

没多久，他有了五十多条这样的“格言”。他常常和朋友们谈论起它们。布兰代斯大学一位名叫毛里·斯坦因的教授深深地被这些话语所感动，于是就把它们寄给了《波士顿环球》杂志的一名记者，后者写了一篇长长的报道，标题是：

教授的最后一门课：他的死亡

这篇文章被“夜线”节目的制作人看到了，他把它送到了在华盛顿的科佩尔手里。

“读读这篇东西，”制作人对他说。

接下来发生的事情便是：摄制人员来到了莫里的起居室，科佩尔的小客车停在了莫里家的门口。

莫里的几个朋友和家人一起等着见科佩尔，当这位大名鼎鼎的主持人一走进屋子，他们都兴奋地骚动起来——只有莫里是例外，他坐着轮椅上前，扬起眉毛，用他尖细、富有音调的话语声打断了眼前的喧闹。

“特德，在我同意进行这次采访之前，我得对你作些考查。”

一阵令人尴尬的沉寂之后，两个人进了莫里的书房。

“我说，”门外有一个朋友说，“希望特德不会使莫里太难堪。”

“我希望莫里别使特德太难堪，”另一个说。

书房里，莫里示意科佩尔坐下。他两手交叉着搁在腿上，对科佩尔笑笑。

“你最关心的是什么？”莫里问。

“最关心的？”

科佩尔端详着眼前这位老人。“好吧，”他谨慎地说，他谈起了他的孩子，他们是他最关心的，不是吗？

“很好，”莫里说。“现在谈谈你的信仰。”

科佩尔觉得有些不自在。“通常我不跟一个只相见了几分钟的人谈论这种话题。”

“特德，我快要死了，”莫里从眼镜的后面盯着对方说。“我没有多少时间了。”

科佩尔笑了。好吧，信仰。他引用了一段对他很有影响的马可·奥勒利乌斯[①]的话。

莫里点点头。

“现在让我来问你几个问题，”科佩尔说，“你看过我的节目吗？”

---

① 罗马皇帝，新斯多葛派哲学的主要代表，宣扬禁欲主义和宿命论。

莫里耸耸肩。“大概看过两次。”

“就两次?”

“别感到不好受。‘奥普拉’我也只看过一次。”

“唔,那两次你看了我的节目,有什么感想?”

莫里有些迟疑。“说真话?”

“是的。”

“我觉得你是个自恋狂。”

科佩尔哈哈大笑。

“我这么丑还配自恋?”他说。

不一会,摄像机在客厅的壁炉前转动起来,科佩尔身穿那件挺括的蓝西装,莫里则还是那件皱巴巴的灰毛衣。他不愿为这次采访而特意换上新衣服或打扮一番。他的哲学是,死亡不应该是一件令人难堪的事;他不愿为它涂脂抹粉。

由于莫里坐在轮椅上,摄像机一直拍不到他那两条萎缩的腿。加上他的手还能动——莫里说话时总喜欢挥动双手——因此他显得非常有激情地在阐述如何面对生命的终结。

“特德,”他说,“当这一切发生后,我问自己,‘我是像大多数人那样退出生活舞台呢,还是继续生活下去?’我决定活下去——至少尽力去那么做——像我希望的那样活下去，带着尊严、勇气、幽默和平静。

“有时早上醒来我会暗自流泪，哀叹自己的不幸。我也有怨天怨地、痛苦不堪的时候。但这种心情不会持续很久。我起床后便对自己说，‘我要活下去……’

“眼下，我已经能应付了。可我能继续应付下去吗？我不知道。但我愿意为自己押这个宝。”

科佩尔看来完全被莫里吸引住了。他问及由死亡引起的羞怯感。

“嗯，弗雷德，”莫里意外地叫错了名字，他很快纠正了自己。“我是说特德……”

“这句话引出了羞怯感，”科佩尔大笑着说。

两人还谈到了来世，谈到了莫里对别人越来越多的依赖性。他现在吃、坐、移动都需要有人帮助。科佩尔问莫里，面对这种不知不觉在加剧的衰亡，他最怕的是什么。

莫里迟疑了片刻。他问能不能在电视上谈论这种事。

科佩尔说没关系。

莫里直视着这位美国最著名的采访记者的眼睛。“那好吧，特德，用不了多久，有人就得替我擦屁股。”

这个节目在星期五的晚上播出了。节目开始时，特德·科佩尔在他华盛顿的工作台后面用他富有魅力的语调说：

“谁是莫里·施瓦茨？为什么你们这么多人今晚要去关心他？”

几千英里之外，在我山上的那幢住宅里，我正随意地调换着电视的频道。我听见了那句话——“谁是莫里·施瓦茨？”——我一下子愣住了。

※

那是在1976年的春天，我第一次上他的课。我走进莫里那间大办公室，注意到沿墙而立的一排排书架。书架上叠放着有关社会学、哲学、宗教和心理学的书籍，看上去无以计数。硬木地板上铺着一块大地毯，窗户对着校园的林阴道。课堂上只有十来个学生，正忙着翻笔记本和教学提纲。他们中大多数人穿着牛仔裤、大地鞋[①]和格子衬衫。我暗自说，这么个小班要逃课可没那么容易。也许我不该选这门课。

“米切尔？”莫里看着点名册说。

我举起了手。

“喜欢称你米奇？还是米切尔？”

① 一种前掌比后掌厚、穿着舒适的方头鞋。

从来没有一个老师这么问过。我不禁再次打量起了这个穿着黄色高领衫、绿色灯心绒裤、白发覆盖到前额的老头。他在微笑。

米奇，我说。朋友们都叫我米奇。

“那好，就叫你米奇了，”莫里说，像是跟人成交了。“嗯，米奇？”

什么？

“我希望有一天你会把我当成你的朋友。”

入 校

当我那辆租来的车子拐上莫里在波士顿一个僻静的郊区西纽顿的那条街时，我手里握着一杯咖啡，肩膀和耳朵间夹着一只手机。我正在跟一个电视制片人谈一个节目。我的眼睛在数字钟——离我返回的班机时间还有几个小时——和树木成行的街道上那些邮箱号码之间跳来跳去。车上的收音机打开着，那是新闻台。这就是我的生活节奏，一心可以五用。

“把带子倒回去，”我对制片人说，“让我把那部分再听一遍。”

“好的，”他说，“稍等片刻。”

突然，那幢房子跃入了我的眼帘。我踩下刹车，咖啡晃出了杯子。车停下后，我瞥见了车道上的那棵日本大槭树和它旁边坐着的三个人。坐在两边的是一个年轻人和一个中年妇女，中间是一个坐在轮椅上的老人。

莫里。

一看见我的老教授，我惊呆了。

“喂?”制片人的声音在我耳边响了起来。“你还在听吗？……”

我有十六年没有见到他。他的头发更稀了，几近花白，形容枯槁。我突然感到我还没有准备好重逢——至少，我眼下还得先应付完这个电话——我希望他并没有注意到我的到来，这样，我就可以再驶过几个街区，办完我的公事，做好心理准备。但莫里，这位我曾经是那么熟悉但现在又是那么陌生、那么憔悴的老人，此时正对着车子在微笑。他两手交叉着放在腿上，等待着我从车子里出现。

“喂，”制片人又在喊。“你在听吗？”

为了我们多年的相处，为了莫里曾经给予我的那份体贴和耐心，我应该丢掉电话，跳出车子去拥抱他，去吻他。

但我没那么做。我关掉了引擎，蹲伏下身子似乎在找东西。

“是的，我在听，”我压低嗓门继续同制片人在交谈，直到把事情谈妥。

我做了我最擅长的事情。我仍在关心我的工作，尽管来日无多的老教授在他门前草坪等着我。我并不引以为自豪，但这正是我所做的。

五分钟后，莫里拥抱了我，他稀松的头发擦过我的脸颊。我告诉他刚才我在找钥匙，所以在车里呆了那么久。我更用力地抱住他，似乎想挤碎我的小谎言。虽然春天的阳光暖融融的，他却穿着一件风衣，腿上还盖着毯子。他嘴里发出一股淡淡的酸味，那是正在服药的人常有的一种气味。由于他的脸凑得离我很近，我能听见他吃力的呼吸声。

“我的老朋友，”他轻声说，“你终于回来了。”

他倚着我摇晃着身子，始终没和我分开。当我俯下身去时，他的手抓住了我的肘部。相隔了这么多年他居然能保持着这份感情，我感到十分惊讶。但再一想。正由于我在我的过去和现在之间建立起了一堵石墙，所以我会忘记我们曾有过的亲密，我记起了毕业的那天，记起了那只皮包和我离开时他的泪花。但我没有流露出来，因为我在内心深处已经意识到，我不再是那个他记忆中的赠送他礼物的好学生了。

我所希望的是，我能在接下来的几个小时里蒙住他的眼睛。

进屋后，我们坐在一张胡桃木的餐桌旁，靠近一扇能望见邻居宅院的窗户。莫里在轮椅上不停地动，想使自己坐舒服些。他想请我吃点什么，这是他的习惯，我说好的。助手中有一位名叫康尼、长得很结实的意大利女人端上了切好的面包、土豆，以及放有鸡肉色拉、鹰嘴豆泥和小麦色拉的盘子。

她还拿来了药片。莫里朝它们看看，叹了口气。他的眼睛凹陷得比我想象中的还要深，颧骨也突得更出了。这使他显得更苍老——只有他笑的时候，那松垂的脸颊才像帷幕一样收拢起来。

“米奇，”他轻声说，“你知道我离死期不远了。”

我知道。

“那好，”莫里吞下了药片，放下纸杯，深深地吸了口气，再慢慢地呼出来。“要我告诉你是怎么回事吗？”

怎么回事？死亡是怎么回事？

“是的，”他说。

虽然我还没有意识到，但我们的最后一堂课开始了。

※

那是我大学的第一年。莫里的年龄比大部分教师大，而我却比大多数学生小，因为我提前一年就高中毕业了。为了在校园里不显得稚嫩，我身着旧的灰色无领长袖衫，常去当地的体育馆打拳，走路时还叼上一支没有点燃的烟，尽管我不会吸烟。我开的是一辆水星牌的破车，震耳的音乐声从没有摇上的车窗里传出来。我竭力表现出粗野的个性——然而，莫里的和蔼吸引了我，而且，也正因为他没有把我看成是一个未经世故的孩子，于是我释然了。

我上完了他的第一门课，又选了他的另一门课程。他是个打分很宽松的教授，不太注重分数。据说有一年，那是在越战期间，莫里给所有的男学生都打了A，使他们能获得缓役的机会。

我开始称呼他“教练”，就像我称呼高中的田径教练那样。

莫里很喜欢这个绰号。

“教练,”他说。“好吧,我会成为你的教练,你可以做我的上场队员。凡是生活中美好但我又老得无法享受的东西,你都可以替我上场。”

有时我们一起在餐厅用餐。令我高兴的是,他比我还要不修边幅。他吃东西时爱说话,还张大嘴笑,从他满嘴的鸡蛋色拉和沾着蛋黄的牙缝里传出富有激情的思想。

他让我捧腹大笑。在我认识他的那段时间里,我最强烈的两个愿望是:拥抱他和给他一张餐巾纸。

教　室

阳光从餐厅的窗户射进来，照亮了房间里的硬木地板。我们在那儿已经谈了近两个小时了。常有电话打来，莫里让他的助手康尼去接。她把所有打电话来的人的名字记录在莫里那本黑封面的小登记簿上：朋友，默念师，讨论小组，想为某本杂志给他拍照的摄影师。显然，我不是唯一有兴趣访问他的人——"夜线"节目使他成了名人——但我还是对他有那么多的朋友而感到惊讶，甚至还有些忌妒。我回想起大学时那些围着我转的"哥们"，他们如今在哪里呢？

"你知道，米奇，因为我是个快死的人，所以人们才对我感兴趣。"

你一直是个有趣的人。

"啊，"莫里笑了。"你真好。"

不，我并不好，我心里在想。

“原因在于，”他说，“人们把我视为一座桥梁。我不像以前那样活着，但我又没有死……我类似于……介于两者之间。”

他咳嗽起来，随后又恢复了笑容，“我已经踏上了最后的旅程——人们要我告诉他们该怎样打点行装。”

电话铃又响了。

“莫里，你能接吗？”康尼问。

“我正在接待我的老朋友，”他说，“请他们待会儿再打来。”

我不知道他为什么待我这么热情。我几乎已经与十六年前离开了他的那个有出息的学生判若两人。如果没有“夜线”节目，莫里也许到死也不会再见到我。对此我没有任何正儿八经的理由，除了人人现在都会找的借口。我一心一意关心着自己的生活。我很忙。

我怎么啦？我问自己。莫里尖细、嘶哑的嗓音又把我带回到了大学时代。我那时视有钱为罪恶，衬衫加领带在我眼里简直如同枷锁，没有自由、貌似充实的生活——骑着摩托、沐着清风，游逛巴黎的街市或西藏的山峦——并不是有意义的生活。可我现在怎么啦？

八十年代开始了。九十年代开始了。死亡、疾病、肥胖、秃顶接踵而来。我是用许多梦想在换取数额更大的支票，只是我没有意识到而已。

莫里却又在谈美妙的大学生活了，仿佛我只是过了一个长长的假期。

“你有没有知心的朋友？”

“你为社区贡献过什么吗？”

“你对自己心安理得吗？”

“你想不想做一个富有人情味的人？”

我坐立不安起来，我的心绪被这些问题彻底搅乱了。我怎么会变得这样？我曾经发过誓，永远不为钱而工作，我会参加和平队[1]，去美丽的理想乐园生活。

然而，我在底特律一呆就是十年，受雇同一个报社，进出同一家银行，光顾同一家理发店。我已经三十有七，比做学生那会更有能耐，整天泡在电脑、调制解调器和手机里。我专门写有关富有的运动员的文章，他们一般对我这样的人也是很在意的。我在同龄人中已不再显得稚嫩，不用再穿灰色的无领长袖衫或叼着没有点燃的烟来作修饰。但我也不再有边吃鸡蛋色拉边长谈人生的机会。

我的每一天都很充实，然而，我在大部分时间里仍感到不

① 由志愿人员组成的美国政府代表机构，成立于1961年，去发展中国家提供技术服务。

满足。

我怎么啦?

“教练,”我突然记起了这个绰号。

莫里面露喜色。“是我。我还是你的教练。”

他大笑着继续吃他的东西,这顿饭他已经吃了四十分钟。我在观察他,他手的动作显得有点笨拙,好像刚刚在开始学用手。他不能用力地使用刀。他的手指在颤抖。每咬一口食物都得费很大的劲,然后再咀嚼好一阵子才咽下去,有时食物还会从嘴角漏出来,于是他得放下手里的东西,用餐巾纸擦一擦。他手腕到肘部的皮肤上布满了老人斑,而且松弛得像一根熬汤的鸡骨头上悬着的鸡皮。

有一阵子,我们俩就这么吃着东西。一个是患病的老者,一个是健康的年轻人,两人一起承受着房间里的寂静。我觉得这是一种令人难堪的寂静,然而感到难堪的似乎只有我。

“死亡,”莫里突然开口说,“是一件令人悲哀的事,米奇。可不幸地活着也同样令人悲哀。所以许多来探访我的人并不幸福。”

为什么?

“唔,首先,我们的文化并不让人觉得心安理得。我们在教授一些错误的东西。你需要十分的坚强才能说,如果这种文化没有用，就别去接受它。建立你自己的文化。但大多数人都做不到。他们要比我——即使在这样的处境里——更不幸。

“我也许就要死去，但我周围有爱我，关心我的人们。有多少人能有这个福份？”

他毫不自怜自哀的态度使我感到惊讶。莫里，一个不能再跳舞、游泳、洗澡和行走的人，一个再也不能去开门，不会自己擦干身子，甚至不能在床上翻身的人，怎么会对命运表现出如此的乐于接受？我望着他费劲地使用着叉子，好几次都没能叉起一块番茄——那情景真令人悲哀。然而我无法否认，坐在他面前能感受到一种神奇的宁静，就像当年校园里的清风拂去我心中的浮躁一般。

我瞄了一眼手表——习惯的驱使——时间已经不早了，我在想换一班飞机回去。这时莫里做了一件至今都令我挥之不去的事情。

“你知道我会怎么死吗？”他问。

我扬起了眉毛。

“我会窒息而死。是的，由于我有哮喘，我的肺将无法抵御疾病的侵入。它慢慢地往上跑。现在它已经侵蚀了我的腿。用不了多久它会侵蚀到我的手臂和手。当它侵蚀到我的肺部时……”

他耸了耸肩膀。

“……我就完蛋了。”

我不知道该说些什么，于是嗫嚅道，“嗯，你知道，我是说……你不会知道……”

莫里闭上了眼睛。“我知道，米奇。你不必害怕我的死。我有过美好的生活。我们都知道这只是迟早的事。我或许还有四五个月的时间。”

别这么说，我紧张地打断了他。没人能预料——

“我能预料，”他轻声说。“甚至还有一种测试的方法。是一位医生教我的。”

测试方法？

“吸几口气。”

我照他说的做了。

“现在再吸一次，但这次当你呼气时，看看你能数到几。”

我快速地边呼气边数数。“一、二、三、四、五、六、七、八……”吐完这口气时我数到了七十。

“很好，”莫里说，“你有一个健康的肺。现在看我做。”

他吸了口气，然后轻声、颤抖地开始数数。“一、二、三、四、五、六、七、八、九、十、十一、十二、十三、十四、十五、十六、十七、十八——”

他停住了，气喘吁吁。

“当医生第一次让我这么做的时候，我能数到二十三。现在是十八。”

他闭上了眼睛，摇摇头。“我的油箱已经空了。”

我有些紧张地做了个拍大腿的动作。该结束这个下午了。

“再回来看看你的老教授，”当我拥抱着和他道别时莫里说。

我答应我会来的，这时我尽量不去想上一次我作这一允诺的时刻。

※

我在学校的书店买了莫里为我们开出的书，比如《青春》、《个性和危机》、《我与你》、《分离的自我》等。这些书我以前从未听说过。

进大学前我不知道人际关系的学习也可以成为一门学术性课程。在我遇到莫里之前，我不相信这是真的。

他对书本的感情是那么真实且富有感染力。有时放学后，当教室里空无一人时，我们开始作认真的交谈。他问及我的生活，然后引用艾里奇・弗罗姆、马丁・布贝尔和埃立克・埃里克森的一些论述。他经常照搬他们的语录，然后再用自己的见解作注脚。只有在这种时候，我才意识到他是个真正的教授，而不是长辈。有一天下午，我在抱怨我这一代人的困惑：我分不清什么是我自己想做的，什么是别人期望你做的。

"我有没有对你说起过反向力?"他问。

反向力?

"生活是持续不断的前进和后退。你想做某一件事,可你又注定要去做另一件事。你受到了伤害,可你知道你不该受伤害。你把某些事情视作理所当然,尽管你知道不该这么做。

"反向力,就像是橡皮筋上的移动。我们大多数人生活在它的中间。"

听上去像是摔跤比赛,我说。

"摔跤比赛。"莫里大笑起来。"是的,你可以对生活作类似的诠释。"

那么哪一方会赢? 我问。

"哪一方会赢?"

他对我笑笑:眯缝的眼睛,不平整的牙齿。

"爱会赢。爱永远是胜者。"

点　名

几个星期后我飞往伦敦。我是去报道温布尔顿网球公开赛的，那是世界顶级的网球比赛，也是少数几个没有观众喝倒彩、没人在停车场上喝得酩酊大醉的体育场合之一。英国很暖和，多云的天气，每天早上我在网球场附近的林阴道散步，不时碰见排着长队等退票的孩子以及叫卖草莓和冰淇淋的摊贩。网球场的大门外有一个报刊亭，卖五六种套色的英国通俗小报、裸体女郎的特写照片、“拍拍垃圾”的皇家新闻照片、星象算命书、体育杂志、抽奖比赛以及少量的时事新闻。他们把当天的热门报道写在一块倚靠着报纸堆的黑板上，它们通常是：戴安娜与查尔斯不和或加扎[①]向球队要几百万！

人们很欢迎这些通俗小报，津津有味地读着那些小道新

① 指英国著名足球明星加斯科因。

闻。前几次来英国时我也这么做。可这次，不知什么原因，每当我读到那些无聊的东西，我就会想起莫里。我脑子里老是出现他在那幢长着日本槭树且铺着硬木地板的房子里数着他的呼吸次数、挤出每一分钟时间去陪伴他所爱之人的情形。而我却把大量的时间花在那些对我毫无意义的事情上：什么电影明星啦，超级模特啦，有关迪公主、玛多娜或小肯尼迪的传闻啦。说来也怪，虽然我悲叹莫里来日无多的生命，但我又忌妒它的充实。我们为何要把大量的时间花在无谓的琐事上？O·J·辛普森的案子在美国闹得沸沸扬扬，人们为了收看这一报道而情愿放弃整个午饭的时间，还要再预录下来不及看完的部分到晚上补看。他们并不认识辛普森，他们也不认识和这件案子有关的其他人。然而他们却甘愿为此浪费掉时间，整日、整个星期地沉溺在他人的闹剧里。

我记起了上次见面时莫里说过的话："我们的文化并不让我们感到心安理得。你需要十分的坚强才能说，如果这种文化没有用，就别去接受它。"

莫里，就像他说的那样，建立了他自己的文化——早在他患病之前就这么做了。小组讨论，和朋友散步，去华盛顿广场的教堂跳舞自娱。他还制定了一个名叫绿屋的计划，为贫困的人提供心理治疗。他博览群书为他的课寻找新的思想内容，他走访同事们，与毕业的学生保持联系，给远方的朋友写信。他情愿花时间去享享口福和赏玩自然，而从不浪费在电视喜剧或周末电影上。他建立了一种人类活动的模式——相互交流，相互影响，相互爱护——这一模式充实着他的生活。

我也建立了我自己的文化：工作。我在英国干四到五份新闻媒体的工作，像小丑一样地跳来跳去。我一天在电脑上要花八个小时，把报道传送回美国；此外我还要制作电视节目，跟着摄制组走遍伦敦的每一个地方。我还要在每天的上午和下午主持听众来电直播节目。这份负担确实够重的。几年来，我一直将工作视为我的伴侣，把其他一切都抛在了脑后。

在温布尔顿，我就在小小方方的工作台上用餐，权当完成任务。有一天，一群发了疯似的记者拼命追踪阿加西和他那位有名的女友波姬·小丝，我被一个英国摄影师撞倒了，他只咕哝了一声"对不起"便跑得没了人影，他的脖子上挂着巨大的金属镜头。我不由地想起了莫里曾对我说过的另一番话："许多人过着没有意义的生活。即使当他们在忙于一些自以为重要的事情时，他们也显得昏昏庸庸的。这是因为他们在追求一种错误的东西。你要使生活有意义，你就得献身于爱，献身于你周围的群体，去创造一种能给你目标和意义的价值观。"

我想他是对的。

尽管我在反其道而行之。

公开赛结束了——我是靠无数咖啡才挺过来的——我关掉电脑，清理完工作台，回到了住处打点行装。已经是深夜了，电视里早已没有了画面。

我飞回底特律，傍晚时才到达。我拖着疲惫的身子回到家，一头倒在了床上。醒来后看到的是一则爆炸性的新闻：我那家报纸的工会举行了罢工。报社关闭了。大门口站着纠察队员，请愿者在街上游行示威。作为工会的会员，我没有选择。我突然之间、也是我生活中第一次失去了工作，失去了支票，和老板处于对立面。工会的头给我打来电话，警告我别同任何我以前的老总们接触，如果他们打电话来解释，就挂断电话。他们中有许多人是我的朋友。

“我们要战斗到胜利！”工会的头像士兵一样发誓说。

我感到既困惑又沮丧。虽然我在电视台和电台的打工是一份不错的副业，但报纸始终是我的生命线，是我生命中的氧气。当我每天早上看见我写的报道见诸报端时，我便知道，至少从某个意义上说我还活着。

现在它消失了。随着罢工的继续——一天，两天，三天——不断有令人焦虑的电话和谣言传来，说这次罢工有可能持续几个月。我所熟悉的生活方式被打乱了。原来每天晚上都有体育比赛需要我去采访，现在我只能呆在家里，坐在电视机前看。我已经理所当然地认为读者是非常需要我的专栏文章的，可我吃惊地发现缺了我一切照样进行得十分顺利。

这样过了一个星期，我拿起电话拨了莫里的号码，康尼让他接了电话。

“你来看我，”他的语调不像是询问而像是命令。

我能来吗？

“星期二怎么样？”

星期二很合适，我说。就星期二。

※

在大学的第二年，我选了他的另外两门课。我们跨出了教室，经常见面交谈。我以前从来没有和一个亲属以外的成年人这么相处过，但我觉得和莫里极容易相处，他也显得很快活。

“今天我们该去哪儿？”我一走进他的办公室，他兴奋地问。

春天，我们就坐在社会学系大楼外的一棵大树下；冬天，我们坐在他的办公桌前。我穿无领的灰色长袖衫和阿迪达斯运动鞋，莫里则穿洛克波特鞋和灯心绒裤子。我们每次交谈时，他先听我漫无边际的聊天，然后将话题移到人生经验上，他提醒我说，金钱不是最重要的，这和校园里盛行的观点截然相反。他对我说应该做一个“完整的人”。他谈到了青春的异化问题，谈到了同周围的社会建立某种联系的必要性。有些事情我能理解，有些则不能，但这无关紧要。讨论问题向我提供了一个同他交谈的机会，我和我父亲从未有过这样的交谈，我父亲希望我将来当律师。

莫里讨厌律师。

“你毕业后想做什么?”他问。

我想成为音乐家，我说。弹钢琴。

“太好了，”他说，“但这是条很艰难的道路。”

是的。

“有许多行家高手。”

我早已听说了。

“但是，”他说，“如果你真的这么想，那就应该让你的梦想成真。”

我真想拥抱他，感谢他这么说，可我不是很外向，我只是点了点头。

“我相信你弹钢琴时一定很有活力，”他说。

我笑了。活力?

他也笑了。“活力。怎么啦? 这个说法已经过时了?”

第一个星期二
——谈论世界

康尼替我开了门。坐着轮椅的莫里正在厨房的餐桌旁,他穿一件宽松的全棉衬衣和一条更为肥大的黑色运动裤。衣服显得宽松是因为他的腿已经萎缩得脱了形——用两只手围住他的大腿部分已经绰绰有余。他站立起来的话,身高不会超过五英尺,也许六年级学生的牛仔裤他都能穿。

"我给你带来一些东西,"我说着递给他一只包装纸袋,我从机场来这儿的路上去附近的一家超市买了火鸡、土豆色拉、通心面色拉和硬面包圈。我知道他家里有许多食品,我只是想有所表示。我在其他方面一点也帮不了他。我还记得他对吃的爱好。

"哈,这么多吃的!"他高兴地叫道。"行,现在你得和我一起吃。"

我们坐在厨房餐桌旁，桌子四周放着柳条编制的椅子。这一次，我们不再需要弥补中断了十六年的信息，很快就转入了彼此都熟悉的大学时的谈话轨道。莫里提问题，然后听我回答。有时他会打断我，像厨师一样撒上一点我忘记了的或还没有领悟的佐料。他问起了报业的罢工，他始终无法理解双方为什么就不能靠开诚布公的对话来解决问题。我告诉他说，不是每个人都像他那么明智的。

他有时要停下来上厕所，这得花上些时间。康尼把他推到卫生间，然后抱他离开轮椅并在他小便时扶住他。他每次回来都显得非常疲乏。

“还记得我对特德·科佩尔说过的话吗，用不了多久就得有人替我擦屁股了？”他说。

我笑了。那样的时刻你是不会忘记的。

“唔，我想这一天就快来了。它令我很烦恼。”

为什么？

“因为这是失去自理能力的最后界限：得有人替我擦屁股，但我在努力适应它。我会尽力去享受这个过程的。”

享受？

“是的。不管怎么说，我又要当一回婴儿了。”

这想法真与众不同。

“是啊，我现在必须与众不同地去看待人生。要能面对它。我不能去购物，不能料理银行的账户，不能倒垃圾。但我仍可以坐在这儿注视那些我认为是人生重大的事情。我有时间——也有理由——去那么做。”

这么说来，我既带着幽默又有些尖刻地说，我想，要找到人生意义的关键就在于不倒垃圾。

他大笑起来，于是我也释然了。

等康尼把盘子端走后，我注意到了一叠报纸，显然他在我到来之前读过它们。

你还在关心时事？我问。

“是的，”莫里说。“你觉得奇怪吗？你认为一个快要死的人就不必再去关心发生在这个世界上的事了？”

也许。

他叹了口气，“也许你是对的。也许我是不该去关心它们了。毕竟我活不到那个时候了。

“但这又很难解释得清，米奇。正因为我在遭受痛苦，我就更容易想到那些比我还要痛苦的人。那天晚上，我在电视上看见波斯尼亚那儿的人在大街上奔逃，被枪打死，都是些无辜的受害者……我不禁哭了。我感受到了他们的痛苦，就像感受自己的一样。我并不认识他们当中的任何人，可是——该怎么说呢？——我非常……同情他们。”

他的眼睛湿润了。我想换一个话题，但他轻轻地拭了一下眼睛，挥手阻止了我的念头。

“我现在老是哭，”他说。“没事的。”

真不可思议，我暗自在想。我在新闻媒体工作。我报道过死人的消息。我也采访过那些不幸的家庭。我甚至还参加过葬礼。我从没哭过。可莫里却会为半个地球之外的人流泪。是不是人之将死都会这样？我问自己。也许死亡是一种强大的催化剂，它令互不相识的人也会彼此报以同情的泪水。

莫里对着手纸大声干咳起来。“你不会觉得奇怪吧，男人也流泪？”

当然，我脱口而出。

他咧嘴笑了。“嘿，米奇，说话别有顾忌。有那么一天，我会让你感到流泪并不是一件难堪的事。”

是啊，是啊，我说。

“是啊，是啊，”他说。

我们都笑了，因为他二十年前就这么说过。大都在星期二说。实际上，星期二一直是我们的聚会日。莫里的课大部分在星期二上，我写毕业论文时他把辅导时间也定在星期二——从一开始这就是莫里的主意——我们总是在星期二坐到一块，或在办公桌前，或在餐厅里，或在皮尔曼楼的台阶上，讨论论文的进展。

所以，重新相约在星期二看来是最合适的，就约在这幢外面栽有日本槭树的房子里。我准备走的时候跟莫里提了这个想法。

“我们是星期二人，”他说。

星期二人。我重复着他的话。

莫里笑了。

“米奇，你问及了关心别人的问题。我可以把患病以后最大的体会告诉你吗？”

是什么？

“人生最重要的是学会如何施爱于人，并去接受爱。”

他压低了嗓音说，“去接受爱。我们一直认为我们不应该去接受它，如果我们接受了它，我们就不够坚强了。但有一位名叫莱文的智者却不这么看。他说‘爱是唯一的理性行为’。

他一字一句地又重复了一遍，“‘爱是唯一的理性行为’。”

我像个好学生那样点了点头，他很虚弱地喘着气。我探过身去拥抱了他。接着,我吻了他的脸颊。我感觉到了他无力的手按着我的臂膀,细细的胡子茬儿碰触在我的脸上。

“那你下个星期二来?”他低声问。

※

他走进教室，坐了下来，没说一句话。他望着我们，我们也望着他。起初还有笑声，可莫里只是耸耸肩。最后教室里死寂一片，我们开始注意到一些细微的声响：屋子中央的热水汀发着咝咝声，一个胖家伙呼哧呼哧喘着气。

有人狂躁不安起来：他准备等到什么时候才开口？我们在椅子上坐不住了，不时地看手表。有几个学生转向窗外，显得毫不在意。就这么整整过了十五分钟，莫里才低声地打破了沉寂。

“这里发生了什么？”他问。

大家渐渐地讨论起来——正如莫里所期望的——讨论了沉寂对人与人的关系的影响。沉寂为什么会使我们感到局促不安？而各种各样的响声又能得到什么有益的效果？

沉寂并没有让我感到不安。尽管我也会和朋友们嘻嘻哈哈互相嬉闹，可我不习惯在别人面前谈论自己的感情——尤其在同学面前。我可以静静地坐上几个小时，如果课堂是这么要求的话。

离开教室时，莫里喊住了我。“你今天没有发言，”他说。

我不知道。我没有什么可说的。

“我觉得你有许多想法。米奇，你使我想起了另一个人，他年轻时也喜欢把什么都藏在肚子里。”

谁？

“我。”

第二个星期二

——谈论自怜

我下个星期二又去了莫里家。以后几个星期都是如此。我盼着去看他，这种欲望已经超过了一般的程度，因为我坐飞机跨越七百英里去看望的是一个垂死的人。可每当我与莫里在一起的时候，我就似乎处在一种时间的异常状态，我的心情会格外的舒畅。从机场到他家的路上我不再租打手机。让他们去等，我仿效莫里的话对自己说。

底特律的报业形势仍不见好转。事实上，由于发生了纠察队员和替补员工的激烈冲突，发生了人们遭到逮捕、遭到殴打、躺在街上阻拦运报车的事件，整个事件正变得越来越疯狂。

在这种情形下，我和莫里的会面就像是一帖还人类之善良的清洁剂。我们谈人生，谈爱，谈莫里最喜欢的一个话题——同情，为什么我们这个社会如此缺乏同情心。前几次来的路上，我在一个叫“面包马戏团”的市场停了下来——他们那儿的食品袋我在莫里家也曾看到过，我猜想他一定喜欢这里的食品——我在熟食外卖处买了好几袋的东西，有蔬菜面条，胡萝卜汤和蜜糖果仁千层酥。

一走进莫里的书房，我提起袋子好像刚抢了银行似地大叫道。

“美食家！”

莫里转动着眼睛笑了。

我同时在观察他的病情有没有加重的症状。他的手指还能使用铅笔或拿起眼镜，但手已经抬不过胸口了。他呆在厨房和客厅的时间越来越少，更多的是呆在书房，那里有一张很大的躺椅，上面堆放着枕头、毯子以及一些用来固定他日见萎缩的腿和脚的海绵橡胶。他身边还放了一个铃，当他的头需要挪动或要“上马桶”（这是他的提法）时，他会摇一下铃，然后康尼、托尼、伯莎或艾美——他的家庭助手服务队——就会进来。摇铃也不是一件轻而易举的事，当他没能把铃摇响的时候他会感到沮丧。

我问莫里他是否自哀自怜。

“有时候会的，在早上，”他说。“那是我悲哀的时刻。我触摸自己的身体，移动手和手指——一切还能动弹的部位——然后为自己失去的感到悲哀。我悲哀这种缓慢、不知不觉的死法。但随后我便停止了哀叹。”

这么快?

“需要的时候我就大哭一场。但随后我就去想生活中仍很美好的东西,想那些要来看我的人,想就要听到的趣事,还想你——如果是星期二的话。因为我们是星期二人。”

我笑了。星期二人。

“米奇,我不让自己有更多的自哀自怜。每天早上就一小会儿,掉几滴眼泪,就完了。”

我想到有许多人早上醒来后会花上很多的时间自怨自艾。要是稍加限制的话会有好处的。就几分钟的伤心,然后开始一天的生活。如果莫里这种身患绝症的人能够做到的话,那么……

“只有当你觉得它可怕时,它才可怕,”莫里说。“看着自己的躯体慢慢地萎谢的确很可怕,但它也有幸运的一面,因为我可以有时间跟人说再见。”

他笑笑说,“不是每个人都这么幸运的。”

我审视着轮椅上的莫里:不能站立,不能洗澡,不能穿裤。幸运?他真是在说幸运?

趁莫里上厕所的空档，我随手翻开了放在轮椅旁边的《波士顿时报》。有一则报道说，在一个森林小镇，两个十几岁的女孩折磨死了一个把她们当作朋友的七十三岁的男子，然后在他的活动房里举行了聚会并向众人展示了尸体。另一条新闻是关于即将要开庭审理的一个案子：一个演员杀死了一个同性恋者，原因是后者在电视上说他非常喜欢他。

我放下了报纸。莫里被推了回来——脸上仍堆着笑容——康尼准备把他从轮椅扶到躺椅上去。

要我来吗？我问。

一时谁都没言语，我也不知道自己怎么会自告奋勇的。莫里看了看康尼说，“你能教他怎么做吗？”

“行，”康尼说。

照着她的话，我探过身去将前臂插进莫里的腋下，用力往自己这边拖，就像拖一根圆木那样。然后我站直身子，把他也提了起来。通常，当你把一个人提起来时，对方会紧紧抓住你，但莫里却做不到。他几乎是死沉死沉的。我感觉到他的头耷在我的肩膀上一颠一颠的，他的身体犹如一个湿面团紧贴在我的身上。

“哼——”他轻轻地呻吟起来。

我抱着你，我抱着你，我说。

就这么托着他的时候，我产生了一种无法描述的感情，我感觉到了他日趋枯竭的躯体内的死亡种子。在我把他抱上躺椅、把头放上枕头的一瞬间，我十分清醒地意识到我们的时间不多了。

我必须做些什么。

※

1978年我在上大学三年级，那时迪斯科舞和洛奇系列电影成了风靡一时的文化时尚。我们在布兰代斯开设了一门很特别的社会问题研究课，莫里称它为“小组疗程”。我们每星期都要讨论小组成员互相接触的方式，观察他们对愤怒、妒忌或关心等心理行为的反应。我们都成了人类实验鼠。常常有人在最后流下了泪。我把它称作是“多愁善感”课。莫里说我的感情应该更开放些。

那天，莫里让我们作了一次实验。我们站成前后两排，前排的人背对着后排的人。随后，他让前排的人向后倒去，由后排的同学将他们扶住。许多人都觉得不自在，稍稍往后倒几英寸便收住了身子。大家都窘迫地笑了。

最后，有一个同学，一个老是穿一件宽大的白色运动衫、长得瘦小文静的女孩把双手合在胸前，闭上眼睛，直挺挺地向后倒去，那架势真像立顿红茶广告里的那位掉进水池的模特。

那一瞬间，我肯定她会重重地摔倒在地。但情急之中，和她搭档的那位同学一把抓住了她的头和肩膀，毛手毛脚地把她扶了起来。

“哇！”好几个同学喊道。有的还鼓了掌。

莫里笑了。

“你瞧，”他对那个女孩说，“你闭上了眼睛，那就是区别。有时候你不能只相信你所看见的，你还得相信你所感觉的。如果你想让别人信任你，你首先应该感到你也能信任他——即使你是在黑暗中，即使你是在向后倒去。”

第三个星期二
——谈论遗憾

接下来的一个星期二，我同往常一样带了几袋食品——意大利玉米面食，土豆色拉，苹果馅饼——来到了莫里家。我还带了一样东西：一只索尼录音机。

我想记住我们的谈话，我对莫里说。我想录下你的声音，等……以后再听。

“等我死后。”

别说死。

他笑了。“米奇，我会死的，而且很快。”

他打量着这台新机器。“这么大，”他说。我顿时有一种冒犯的感觉，这是记者们常有的，我开始意识到，朋友之间放上一台录音机确实会令人觉得异样和不自然，现在有那么多人想分享莫里的时间，我这么做是不是索取得太多了？

听着，我拿回录音机说，我们不一定要使用这玩艺。如果它让你感到不自在——

他拦住我，摇摇手指，又从鼻梁上取下眼镜，眼镜由一根绳子系着挂在脖子上。他正视着我说，“把它放下。”

我放下了机器。

“米奇，”他接着说，语气柔和了些，“你不明白。我想告诉你我的生活。我要趁我还能讲的时候把一切都告诉你。”

他的声音变得更弱了。“我想有人来听我的故事。你愿意吗?”

我点点头。

我们静静地坐了片刻。

“好吧，”他说，“按下录音了?”

实情是，这台录音机不仅仅起着怀旧的作用。我即将失去莫里，所有的人都即将失去他——他的家庭，他的朋友，他以前的学生，他的同事，和他十分有感情的时事讨论小组的伙伴，他从前的舞友，所有的人。我想这些磁带或许能像照片或影带那样，不失时机地再从死亡箱里窃取到一些东西。

但我也越来越清楚地意识到——他的勇气、他的幽默、他的耐心和他的坦然告诉了我——莫里看待人生的态度是和别人不一样的。那是一种更为健康的态度，更为明智的态度。而且他即将离我们而去。

第一次在“夜线”节目中见到莫里时，我不禁在想，当他知道死亡已经临近时他会有什么样的遗憾。他悲叹逝去的友人？他会重新改变生活方式？暗地里我在想，要是我处在他的位置，我会不会满脑子都是苦涩的念头，抱憾即将失去的一切？抱憾没有吐露过的秘密？

当我把这些想法告诉莫里时，他点点头。“这是每个人都要担心的，不是吗？如果今天是我的死期，我会怎么样？”他审视着我的脸，也许他看出了我难以作出选择的心理。我想到有那么一天，我在写新闻稿时突然倒在了工作台上，当救护人员把我抬走时，主编们却急着拿我的稿子。

“米奇？”莫里问。

我摇摇头，没吱声。莫里看出了我的矛盾心理。

“米奇，”他说，“我们的文化不鼓励你去思考这类问题，所以你只有在临死前才会去想它。我们所关注的是一些很自私的事情：事业，家庭，赚钱，偿还抵押贷款，买新车，修取暖器——陷在永无止境的琐事里，就为了活下去。因此，我们不习惯退后一步，审视一下自己的生活问,就这些?这就是我需要的一切?是不是还缺点什么?”

他停顿了一下。

“你需要有人为你指点一下。生活不会一蹴而就的。”

我知道他在说什么。我们在生活中都需要有导师的指引。

而我的导师就坐在我的对面。

好的,我暗想。如果我准备当那个学生,那我就尽力当个好学生。

那天坐飞机回底特律时,我在黄拍纸簿上列出了一份目录,都是我们要涉及到的话题,从幸福到衰老,从生育到死亡。当然,这类题材的自助书有成千上万种,还不包括有线电视里的节目和九十美元一小时的咨询课。美国早已成了兜售自助玩艺的波斯集市了。

但好像还是没有一个明确的答案。该去关心他人还是关心自己的心灵世界?该恢复传统的价值观还是摈弃传统?该追求成功还是追求淡泊?该说不还是该去做?

我所知道的是:我的老教授莫里并没有去赶自助的时髦。他站在铁轨上,听着死亡列车的汽笛,心中十分清楚生活中最重要的是什么。

我需要这份醒豁。每个感到困惑和迷惘的人都需要这份醒豁。

“向我提问题，”莫里一直这么说。

于是我列出了这份目录：

死亡

恐惧

衰老

欲望

婚姻

家庭

社会

原谅

有意义的人生

当我第四次回到西纽顿时，这份目录就在我的包里。那是八月下旬的一个星期二，洛根机场的中央空调出了故障，人们打着扇子。忿忿地从额头上擦去汗水，我看见的每一张脸都像吃人一般的可怕。

※

大学的最后一年刚刚开始时,我已经修完了好几门社会学课程,离拿学位只差几个学分了。莫里建议我写一篇优等生毕业论文[①]。

我？我问道。写什么？

“你对什么感兴趣?”

我们讨论来讨论去,最后决定写体育。我开始了为期一年的论文课程,写美国的橄榄球如何成为了一种仪式、成了大众宗教和麻醉剂。我没想到这是对我今后事业的一次实习和锻炼。我当时只知道它为我提供了与莫里一星期见一次面的机会。

① 论文通过后可获得荣誉学位。

在他的帮助下，我到了春天便写出了一份长达一百十二页的论文，论文有资料，有注释，有引证，还用黑皮子作封面，装订得十分漂亮。我带着一个少年棒球手跑出他第一个本垒打后的那份自豪和得意，把它交到了莫里的手里。

“祝贺你，”莫里说。

他在翻看我的论文时我好不得意。我打量着他的办公室：书橱、硬木地板、地毯、沙发。我心里在想，这屋里凡是能坐的地方我都坐过了。

“米奇，”莫里扶正了一下眼镜，若有所思地说。“能写出这样的论文，也许我们该叫你回来读研究生。”

好啊，我说。

我暗暗在发笑，但这个建议一时倒也挺有诱惑力的。我既怕离开学校，又急着想离开它。反向力。我望着在看论文的莫里，心里忖度着外面的大千世界。

视听教学，第二部分

“夜线”节目对莫里又作了一次跟踪报道——部分的原因是第一次节目的收视率非常的高。这次，当摄影师和制片人走进莫里的家时，他们早有了宾至如归的感觉。科佩尔更是显得热情友好。不再需要有试探的过程，不再需要有采访前的“采访”。为了创造一点气氛，科佩尔和莫里聊了一会儿各自的童年生活。科佩尔谈到了他在英国的成长经历，莫里则叙述了他在布朗克斯区[1]的童年生活。莫里穿了一件蓝色的长袖衬衫——他几乎一直感到冷，即使外面的气温高达华氏九十度——科佩尔也脱去了外衣，穿着衬衫和领带进行采访。看来莫里正潜移默化地在影响科佩尔。

“你气色不错，”带子开始转动时科佩尔说。

① 纽约市的一个行政区。

“每个人都这么对我说，”莫里回答道。

“你说话的声音也不错。”

“每个人也都这么对我说。”

“那么你怎么知道你在走下坡路呢？”

莫里叹了口气。“别人是不会知道的，特德，可我知道。”

随着采访的继续，种种迹象便开始显露出来。他不再像第一次那样毫无困难地用手势来阐明一个观点；某些词语的发音也成了问题——L音似乎老卡在喉咙里。再过几个月，他也许再也不能说话了。

“你可以看到我的情绪变化，”莫里对科佩尔说。“当有朋友和客人在身边时，我的情绪就很高。爱的感情维持着我的生命。

“但我也有感到沮丧的时刻。我不想欺骗你们。我看见某些东西正在离我而去，便有一种恐惧感。我失去双手后将怎么办？我不能说话后又将怎么办？还有吞咽食物，对此我倒并不怎么在乎——他们可以用管子喂我。可我的声音？我的手？它们是我不可或缺的部分。我用声音说话，用手打手势。这是我与别人沟通的途径。”

“当你无法再说话时，你将怎样与人沟通？”科佩尔问。

莫里耸了耸肩。“也许我只好让他们提用是或不是来回答的问题了。”

回答得如此简单，科佩尔不禁笑了。他向莫里提出了有关无声的问题。他提到了莫里的好友毛里·斯坦因，他是第一个把莫里的格言寄到《波士顿环球》杂志的。他们从六十年代早期就一直在布兰代斯大学共事。现在斯坦因快要失聪了。科佩尔想象有一天让他们俩在一起，一个不能说话，一个没有听觉，那会是怎样的情形？

“我们会握住彼此的手，”莫里说。“我们之间会传递许多爱的感情。特德，我们有三十五年的友谊。你不需要语言或听觉去感受这种关系的。”

采访快要结束时，莫里给科佩尔念了一封他收到的信。自从“夜线”节目播出后，莫里每天都收到大量的来信。其中有一封是宾夕法尼亚的一个教师寄来的，她在教一个只有九个学生的特殊班级，每个学生都经历了失去父亲或母亲的痛苦。

“这是我给她的回信，”莫里的手哆嗦着把眼镜架到鼻梁和耳朵上。“亲爱的芭芭拉……你的来信使我深受感动。我觉得你为那些失去了父亲或母亲的孩子所做的工作十分重要。我早年也失去了双亲中的一个……”

突然，就在转动着的摄像机前，莫里在挪动眼镜。他止住了话语，咬着嘴唇，开始哽咽起来。泪水顺着鼻子流淌下来。

“我还是个孩子时就失去了母亲……它对我的打击太大了……我真希望能像现在这样，对着你们倾诉出我的悲痛，我一定会加入到你们中间来，因为……”

他泣不成声了。

“……因为我那时是那样的孤独……”

“莫里，”科佩尔问，“那是七十年前的事了，这种痛楚还在继续？”

“是的，”莫里低声说。

教　授

那会儿他八岁。一封电报从医院发来，由于他父亲——一个来自白俄罗斯的移民——不懂英语，只能由莫里来向大家宣布这个消息。他像站在班级前面的学生那样宣读了他母亲的死亡通知书。“我们遗憾地通知您……”他读道。

葬礼的那天早上，莫里的亲友们从位于曼哈顿贫困的下东区的经济公寓楼的台阶上走下来。男人们穿着黑西服，女人们戴上了面纱。附近的孩子们正在去上学。当他们经过时，莫里低下了头，他不想让同学看见他那个样子。他的一个姨妈，一个很壮实的女人，一把抓住莫里嚎啕大哭：“没了母亲你可怎么办呀？你将来会怎么样噢！”

莫里失声痛哭起来。他的同学赶紧跑开了。

葬礼上，莫里看着他们将土铲在母亲的坟上。他竭力回忆着母亲在世时家庭所拥有的那份温馨。她患病前一直经营着一家糖果店，患病后大部分时间都是在窗前度过的，不是躺着就是坐着，显得十分虚弱。有时她会大声唤儿子给她拿药，在街上玩棍球的小莫里常常假装没听见。他相信，只要他置之不理，疾病就会被驱走的。

你还能让一个孩子如何去面对死亡？

莫里的父亲——人人都叫他查理——是为了逃避兵役而来美国的。他干的是皮毛业，但时常要失业。他没受过什么教育，不会说英语，所以一直很贫穷，家里大部分时间是靠救济度日的。他们的住房就在糖果店的后面，既黑又窄，令人十分压抑。他们没有一件奢侈品。没有汽车。为了挣钱，莫里和他弟弟大卫有时去替别人擦洗门廊的石阶，以换取一个五美分的硬币。

他们的母亲死后，兄弟俩被送到了康涅狄格州森林里的一家小旅馆，那儿好几个家庭住在一块，共用一间大的卧室和厨房。亲戚们认为，那里的新鲜空气对孩子们会有好处的。莫里和大卫从未见过这么大的绿色世界，他们在野外尽情地玩耍。一天吃过晚饭，他们外出散步时天下起了雨。他们没有回家，而在雨里折腾了几个小时。

第二天早上，莫里醒后一骨碌爬了起来。

“快，”他对弟弟说，“起床。”

“我起不来。”

“你说什么？”

大卫显得很害怕。“我不能……动了。”

他得了小儿麻痹症。

当然，淋雨并不是得病的原因。但莫里这个年龄的孩子是不会知道的。有很长一段时间——看着弟弟去一个专门的诊所治疗，两脚不得不戴上护套以致留下了跛脚的后遗症——莫里一直在自责。

于是每天早上，他都要去犹太教堂——独自一人去，因为他父亲不是个教徒——站在那些身穿黑长袍、身子不停晃动的人中间，祈求上帝保佑他死去的母亲和患病的弟弟。

下午，他站在地铁下面叫卖杂志，把挣来的钱交给家里买吃的。

晚上，他瞧着父亲默默地吃着东西，企盼有——但从未得到过——一点感情的交流和关心。

九岁的他感受到了巨大的压力和负担。

但就在第二年，莫里得到了感情的补偿：他的继母伊娃。

她是个矮小的罗马尼亚移民，长得很普通，一头棕色的鬈发，有着超人的精力。她身上像光一样的热情温暖了这个本来显得抑郁的家。当她新嫁的丈夫沉默不语时，她会滔滔不绝，晚上她给孩子们唱歌。她柔和的声音、传授的知识和坚强的性格抚平了莫里受伤的心灵。他弟弟戴着护套从诊所回来后，他俩同睡在厨房的一张折叠床上，伊娃会来吻他们道晚安。莫里每天像小狗等奶吃那样翘首等待着她的吻，他内心深处感到又有了母亲。

然而，他们仍没有逃离贫穷。他们现在住到了布朗克斯区，那是特里蒙德街上一幢红砖楼房里的一套单间，紧靠着一个意大利露天啤酒店，夏天的晚上那儿常有老人玩室外地滚球。由于经济的萧条，莫里的父亲在皮毛业更难找到工作。有时，当一家人坐在餐桌前时，伊娃拿来的仅仅是面包。

“还有什么?”大卫会问。

“什么也没有了，”她说。

她在替莫里兄弟俩盖被子时，会用意第绪语唱歌给他们听，尽管都是悲伤的歌。其中有一首唱的是一个卖香烟的女孩：

请买我的烟。

干燥的烟没有被雨淋，

谁能同情我，谁能可怜我。

即使处在这样的境遇，莫里还是学会了去爱，去关心，去学习。伊娃要求他在学校成绩优秀，她把受教育视作脱离贫困的唯一解药。她自己也在上夜校提高英语水平。莫里在她的怀抱里养成了对学习的热爱。

晚上，他在厨房餐桌上的那盏台灯下学习，早上，他去犹太教堂为母亲求主眷念——为死者作祷告。但令人费解的是，他父亲从不让他提起死去的母亲。查理希望幼小的大卫把伊娃当作亲生的母亲。

这对莫里来说是个沉重的精神负担。许多年里，母亲留给莫里的唯一信物就是那封宣告她死亡的电报。他收到电报的当天就把它藏了起来。

他将把它珍藏一生。

莫里十几岁时，他父亲把他带到了他工作的一家皮毛厂。那还是在大萧条时期，父亲想让莫里找一份工作。

他一走进工厂，那厂房的围墙就让他感到窒息。厂房既黑又热，窗户上布满了垃圾，齐放在一起的机器发出犹如滚滚车轮的轰鸣声。毛絮到处飞扬，使空气变得污浊不堪。工人们佝偻着身子用针缝制着毛皮，老板在过道里巡视吆喝，不断催促他们干快些。莫里站在父亲的身边，害怕得要命，希望老板别对他也大喊大叫。

午饭休息时，父亲把莫里带到了老板那儿，将他往前一推，问是否有活可以给他儿子干。可成年人的工作都没法保证，没人愿意放弃手里的饭碗。

对莫里来说这是个福音。他恨那个地方。他又起了一个誓，这誓言一直保持到他生命的终结：他永远不会去从事剥削他人的工作，他不允许自己去赚别人的血汗钱。

“你将来准备做什么？”伊娃问他。

“我不知道，”他说。他把学法律排除在外，因为他不喜欢律师；他把学医也排除在外，因为他怕见到血。

“你准备做什么？”

我这位最优秀的教授由于他的缺陷而当了一名教师。

※

"教师追求的是永恒;他的影响也将永无止境。"

——亨利·亚当斯[1]

① 美国历史学家和作者(1838—1918)。

第四个星期二
——谈论死亡

“我们就从这儿开始吧，”莫里说。“每个人都知道自己要死，可没人愿意相信这一事实。”

这个星期二，莫里完全处于工作的精神状态。讨论的课题是死亡，是我目录上的第一项内容。在我到来之前，莫里在小纸条上已经作了一些笔记，以备遗忘。他颤抖的字体现在除他自己外谁都看不懂。快要到劳工节[①]了，通过书房的窗口，我可以看见后院里深绿色的树篱，听见孩子们在街上的嬉闹声，这是他们开学前的最后一个星期的假日。

底特律那边，报业的罢工者正准备组织一次大规模的节日游行，向资方显示工会的团结。在飞机上，我读到一则报道：一个女子开枪打死了正在熟睡的丈夫和两个女儿，声称她这么做

---

① 九月的第一个星期一。

是为了保护他们不受“坏人”的影响。在加州，O·J·辛普森案子中的律师们正成为新闻热点。

在莫里的书房里，宝贵的生命仍在一天天流逝。此刻我们坐在一起，面前放着一件新增添的设备：一台制氧机。机器不大，只到膝盖的高度，是便携式的。有些晚上，当他呼吸感到困难时，他就把长长的塑料管插进自己的鼻子，像是鼻孔被抽血的器械夹住了一样。我讨厌把莫里和任何器械联系在一起，所以当莫里说话时，我尽量不去看那玩艺。

“每个人都知道自己要死，”莫里重复道，“可没人愿意相信。如果我们相信这一事实的话，我们就会作出不同的反应。”

我们就会用戏谑的态度去对待死亡，我说。

“是的，但还有一个更好的方法。意识到自己会死，并时刻作好准备。这样做会更有帮助。你活着的时候就会更珍惜生活。”

怎么能够去准备死呢？

“像佛教徒那样。每天，放一只小鸟在你的肩膀上问，‘是今天吗？我准备好了吗？能生而无悔，死而无憾了？’”

他转过头去，似乎肩膀上这会就停着一只小鸟。

“今天是我的大限吗？”他问。

莫里接纳了各种各样的宗教思想。他出生在犹太教家庭，上学后变成了一个不可知论者，那是因为孩提时经历了太多的变故。他对佛教和基督教的一些哲学思想也很感兴趣。但他最接近的文化还是犹太教。他在宗教上是个杂家，这就使他更加为学生们所接受。他最后几个月里所说的话语似乎超越了一切宗教的特征。死亡能使人做到这一点。

"事实是，米奇，"他说，"一旦你学会了怎样去死，你也就学会了怎样去活。"

我点点头。

"我还要再说一遍，"他说。"一旦你学会了怎样去死，你也就学会了怎样去活。"他笑了。我明白了他的用意。他想知道我是否真正理解了这个观点，但他没有直截了当地问，免得使我窘迫。这就是他当老师与众不同的地方。

你患病前对死亡想得多吗？我问。

"不，"莫里笑笑。"我和别人一样。我曾经对一个朋友说过，'我将成为你所见到的最最健康的老人！'"

你那时多大？

"六十几岁。"

你挺乐观的。

"为什么不？正像我说的，没人真的相信自己会死。"

可每个人都知道有人在死去，我说。为什么思考死亡这个问题就这么难呢？

“这是因为，”莫里说，“我们大多数人都生活在梦里。我们并没有真正地在体验世界，我们处于一种浑浑噩噩的状态，做着自以为该做的事。”

去面对死亡就能改变这种状况？

“哦，是的。拂去外表的尘埃，你便看到了生活的真谛。当你意识到自己快要死去时，你看问题的眼光也就大不一样了。”

他叹了口气。“学会了死，就学会了活。”

我注意到他的手抖得很厉害。当他把挂在胸前的眼镜戴上时，眼镜滑落在太阳穴处，仿佛他是在黑暗中替别人戴眼镜。我伸手帮他移正了位置。

“谢谢，”莫里低声说。当我的手碰触到他的头时，他笑了。人类最细小的接触也能给他带来欢乐。

“米奇，我能告诉你一些事情吗？”

当然行，我说。

“你也许不爱听。”

为什么？

“嗯，事实上，如果你真的在听小鸟的说话，如果你能接受随时都会死去的事实——你就不会像现在这样耽于抱负了。”

我挤出了一丝笑容。

“你为此而付出时间和精力的事——你所做的工作——也许就不再显得那么重要了。你也许会让出空间来满足精神上的需求。”

精神上？

“你不喜欢这个词，是吗？‘精神上’。你认为那是多愁善感的玩艺。”

这个么，我无言以对。

他装作没看见我的窘态，但没装成功，我笑出声来。

“米奇，”他也笑了。“尽管我说不上来‘精神产物’到底为何物，但我知道我们在有些方面确实是有缺陷的。我们过多地追求物质需要，可它们并不能使我们满足。我们忽视了人与人之间互相爱护的关系，我们忽视了周围的世界。”

他把头扭向透进阳光的窗户。“你看见了？你可以去外面，任何时候。你可以在大街上发疯似地跑。可我不能。我不能外出。我不能跑。我一出大门就得担心生病。但你知道吗？我比你更能体味那扇窗户。”

体味那扇窗？

“是的。我每天都从窗口看外面的世界。我注意到了树上的变化，风的大小。我似乎能看见时间在窗台上流逝。这是因为我的时间已经到头了，自然界对我的吸引力就像我第一次看见它时那样强烈。”

他停住了。我们俩一齐望着窗外。我想看见他看得见的东西。我想看见时间和季节,看见我的人生慢慢地在流逝。莫里微微低下头,扭向肩膀。

“是今天吗,小鸟?”他问。“是今天吗?”

由于“夜线”节目的播出,莫里不断收到来自世界各地的信件。只要有精神,他就会坐起来,对替他代笔的朋友和家人口述他的回复。

有一个星期天,回家来探望他的两个儿子罗布和乔恩都来到了起居室。莫里坐在轮椅上,两条瘦骨嶙峋的腿上盖着毯子。他感到冷的时候,他的助手们会来给他披上尼龙外套。

“第一封信是什么?”莫里问。

他的同事给他念了一封来自一个名叫南希的妇女的信,她的母亲也死于 ALS。她在信中写了失去母亲的悲伤,并说她知道莫里也一定很痛苦。

“好吧,”信念完后莫里说。他闭上了眼睛。“开头这么写,‘亲爱的南希,你母亲的不幸令我很难过。我完全能理解你所经历的一切。这种悲伤和痛苦是双方的。伤心对我是一件好事，希望对你也同样是件好事。’”

“最后一句想不想改动一下？”罗布说。

莫里想了想，然后说，“你说得对。这么写吧，‘希望你会发现伤心是一帖治愈创伤的良药。’这样写好些吗？”

罗布点点头。

“加上‘谢谢，莫里’，”他说。

另一封信是一个名叫简的妇女写来的，感谢他在“夜线”节目中给予她的启示和鼓励。她称他是神的代言者。

“这是极高的赞誉，”他的同事说。“神的代言者。”

莫里做了个鬼脸，他显然并不同意这个评价。“感谢她的溢美之词。告诉她我很高兴我的话能对她有所启示。

“别忘了最后写上‘谢谢，莫里’。”

还有一封信来自英国的一个男子，他失去了母亲，要莫里帮他在冥界见到母亲。有一对夫妇来信说他们想开车去波士顿见他。一个以前的研究生写了一封长信，讲述了她离开大学后的生活。信中还讲到了一宗谋杀—自杀案和三个死产儿，讲到了一个死于 ALS 的母亲，还说那个女儿害怕她也会感染上这种疾病。信唠唠叨叨没完没了。两页，三页，四页。

莫里坐着听完了那些既长又可怕的故事。然后他轻声说，“啊，我们该怎么回复？”

没人吭声。最后罗布说,“这样写行不行,‘谢谢你的长信’?”

大家都笑了。莫里望着儿子,面露喜色。

※

椅子旁边的报纸上有一张波士顿棒球队员的照片。我暗自想，在所有的疾病中，莫里得的是一种以运动员的名字命名的病。

你还记得卢·格里克吗？我问。

“我记得他在体育馆里向观众道别。”

那么你还记得他那句有名的话。

“哪一句？”

真的不记得了？卢·格里克。“扬基队的骄傲”？他回荡在扩音器里的那段演讲？

“提醒我，”莫里说。“你来演讲一遍。”

从打开的窗户传来垃圾车的声音。虽然天很热，但莫里仍穿着长袖，腿上还盖着毯子。他的肤色非常苍白。病魔在折磨着他。

我提了提嗓门，模仿格里克的语调，使声音仿佛回荡在体育馆的墙壁上：“今、今、天、天……我感到……自己是……最最幸运的人、人……”

莫里闭上了眼睛，缓缓地点点头。

“是啊。嗯，我没有这么说过。”

第五个星期二

——谈论家庭

九月的第一个星期，返校开学周。连续三十五个暑期后的今天，布兰代斯大学第一次没有等我的老教授去上课。波士顿的街上到处是学生，小街上出现了双行停[①]的现象，到处在搬行李。而莫里这会却在他的书房里。这显得有悖情理，就像那些橄榄球队员离开后第一个星期天不得不呆在家里望着电视，心里想，我还能上场。我常跟他们打交道，已经学会了该怎么做。当赛季到来时，你最好别去招惹他们，什么也不用说。对莫里，我更不用去提醒他时间的弥足珍贵了。

我们录音谈话的工具已经由手提话筒——现在要莫里长时间地握一件东西是很困难的——换成了在电视记者中很流行的颈挂式话筒。你可以把这种话筒别在衣领或西服的翻领

① 指两辆车并排停靠在人行道的一边，常属违章停车。

上。当然，由于莫里只穿柔软的全棉衬衫，而且衣服总是无棱无角地垂挂在他日趋萎谢的身体上，所以话筒会不时地滑落下来，我只得探过身去重新把它别住。莫里似乎很希望我这么做，因为我可以凑近他，和他保持在能互相拥抱的距离内。他现在对身体接触的需求比以往任何时候都强烈。当我凑近他时，我能听见他呼哧呼哧的喘气声和不易察觉的咳嗽声，他吞咽口水前先要轻轻地咂一下嘴。

“好吧，我的朋友，”他说，“今天我们谈什么？”

谈家庭怎么样？

“家庭，”他思考了一会儿。“嗯，你已经看见了我的家庭，都在我的周围。”

他点头示意我看书架上的那些照片，有莫里小时候同他祖母的合影，有莫里年轻时同他弟弟大卫的合影，还有他和妻子夏洛特以及两个儿子的合影。大儿子罗布在东京当记者，小儿子乔恩是波士顿的电脑专家。

“我觉得，鉴于我们在这几个星期里所谈的内容，家庭问题变得尤为重要了，”他说。

“事实上，如果没有家庭，人们便失去了可以支撑的根基。我得病后对这一点更有体会。如果你得不到来自家庭的支持、爱抚、照顾和关心，你拥有的东西便少得可怜。爱是至高无上的，正如我们的大诗人奥登说的那样，‘相爱或者死亡。’”

“相爱或者死亡。”我把它写了下来。奥登说过这话？

“相爱或者死亡，”莫里说，“说得真好，说得太对了。没有了爱，我们便成了折断翅膀的小鸟。

“假设我离了婚，或一个人生活，或没有孩子。这疾病——我所经受的这种疾病——就会更加难以忍受。我不敢肯定我是否应付得了它。当然，会有人来探望的，朋友，同事。但他们和不会离去的家人是不一样的。这跟有一个始终关心着你、和你形影不离的人不是一回事。

“这就是家庭的部分涵义，不仅仅是爱，而且还告诉别人有人守护着你。这是我母亲去世时我最想得到的——我称它为‘心理安全’——知道有一个家在守护着你。只有家庭能给予你这种感觉。金钱办不到。名望办不到。”

他看了我一眼。

“工作也办不到，”他又加了一句。

生育后代是列在我目录上的问题之一——一个在生活中必须尽早予以考虑的问题。我对莫里谈了我们这一代人在生育孩子上的矛盾心理，我们视孩子为自己事业上的绊脚石，觉得他们在迫使我们干那些本不愿干的“家长”活儿。我承认我也有这样的情绪。

然而，当我望着莫里时，我不禁在想，如果我处于他的境遇，将不久于人世，但我没有家庭，没有孩子，我能承受得了那种空虚感吗？莫里培养了两个富有爱心的儿子。他们像父亲一样勇于表露感情。要是莫里有这个愿望的话，他们会放下工作，分分秒秒地陪在父亲的身边，伴他走完最后几个月的旅程。但这不是莫里的意愿。

"别停止你们的生活，"他对他们说。"不然的话，被病魔毁掉的不是我一个，而是三个。"

因此，尽管他将不久于人世，他对孩子们的世界仍表示出极大的尊敬和自豪。当他们父子三个坐在一起时，常常会有瀑布般的感情宣泄，亲吻，打趣，相拥在床边，几只手握在一块。

"每当有人问我要不要生孩子时，我从不告诉他们该怎么做，"莫里望着大儿子的照片说。"我只说，'在生孩子这件事上是没有经验可循的。'就是这么回事。也没有任何东西能替代它。你和朋友无法做这事，你和情人也无法做这事。如果你想体验怎样对另一个人承担责任，想学会如何全身心地去爱的话，那么你就应该有孩子。"

那么你想不想再有孩子？我问。

我扫了一眼那张照片。罗布亲吻着莫里的前额，莫里闭着眼睛在笑。

“想不想再有孩子?”他显得有些惊讶地说。“米奇,我是决不会错过这份经历的,即使……”

他喉咙哽咽了一下,他把照片放在大腿上。

“即使要付出沉痛的代价,”他说。

因为你将要离开他们。

“因为我不久就要离他们而去了。”

他合上嘴,闭上了眼睛,我看见他的第一颗泪珠顺着脸颊淌了下来。

“现在,”他低声说,“听你说了。”

我?

“你的家庭。我认识你的父母。几年前在毕业典礼上我见过他们。你还有个姐妹,是吗?”

是的,我说。

“比你大?”

比我大。

“还有个兄弟,是吗?”

我点点头。

“比你小?”

比我小。

“和我一样,”莫里说。“我也有个弟弟。”

和你一样，我说。

“他也来参加了你的毕业典礼，不是吗？”

我眨了眨眼睛，想象着十六年前我们聚在一起的情形：火辣辣的太阳，蓝色的毕业礼服，互相搂着对着傻瓜机镜头，有人在喊，“一、二、三——”

“怎么啦？”莫里注意到我突然不作声了。“心里在想什么？”

没什么，我说。我把话题扯开了。

我确实有个弟弟，一个金发褐眼、小我两岁的弟弟。他长得既不像我，也不像我那个一头黑发的姐姐。所以我常常取笑他，说他是陌生人放在我们家门口的。“总有一天，”我们说，“他们会来抱你回去的。”他听了就哭，但我们还是这么取笑他。

他像许多家庭里最小的孩子一样，受到宠爱，受到照顾，但内心却受着折磨。他想成为一个演员，或一个歌手；他在餐桌前表演电视里的人物，扮演各种角色，整天笑声朗朗。我在学校是个好学生，他是调皮捣蛋鬼；我唯命是从，他常常违犯校规；我远离毒品和酒精，他却样样染指。高中毕业后不久他就去了欧洲，他向往那里更加放荡不羁的生活方式。但他仍是家里最受宠爱的。当他一身玩世不恭、怪诞不经的打扮回到家里时，我总觉得自己太土，太保守。

由于有如此大的差异，我相信我们一到成年就会有不同的命运安排。我一切都很顺当，只有一件事是个心病。自从舅舅死后，我相信我也会像他一样死去，会有一种突如其来的凶疾把我带离这个世界。于是我发疯似地工作，我作好了患癌症的心理准备。我能闻到它的气息。我知道它正悄然而至。我像死囚等待刽子手那样等待着它的到来。

我是对的。它果然来了。

但它没有找我。

它找上了我的弟弟。

和我舅舅相同类型的癌：胰腺癌，很罕见的种类。于是，我们家里这位金发褐眼、最小的男孩不得不接受化疗和放疗。他的头发脱落了，脸瘦削得像具骷髅，原本该是我，我心里想。但我弟弟并不是我，也不是舅舅。他是个斗士。孩提时候的他就从不服输，我们在地下室里扭打时，他会隔着鞋子咬我的脚，直到我痛得哇哇直叫。

于是他反击了。他在西班牙——他生活的地方——同疾病作斗争，那儿有一种还处于试验阶段的药，这种药当时在美国买不到——现在也没有。他为治疗飞遍了整个欧洲。经过五年的治疗，他的病情得到了很大的缓解。

这是好的消息。坏的消息是，我弟弟不让我接近他——不光是我，他不要任何家庭成员呆在他的身边。我们想方设法和他通电话，准备去看望他，可他却拒我们于千里之外。他坚持说这种与疾病的抗争只能由他独自去进行。他会好几个月不递信息。我们给录音电话留的言常常是没有回复的。我既为没能帮他而感到内疚，又对他剥夺了我们这一权力而感到怨恨。

于是，我重又沉溺到工作中去。我工作是因为我能支配自己；我工作是因为它是理智的，是有回报的。每次在我给弟弟西班牙的公寓打去电话、听到请留言的录音时——他说的是西班牙语，另一个表明我们相距遥远的显证——我便挂上电话，更长时间地埋头于工作。

也许这是莫里为何能吸引我的一个原因。他能给予我弟弟所不愿给予的东西。

现在回想起来，莫里好像早就知道了这一切。

※

那是我小时候的一个冬天，在郊外一个覆盖着积雪的山坡上。我弟弟和我坐着雪橇。他在上面，我在下面。他的下巴抵着我的肩膀，他的脚搁在我的腿上。

雪橇在冰块上滑动。下山时我们加快了速度。

“汽车！”有人喊了一声。

我们看见了那辆从左边驶来的车。我们尖叫着想转个方向，但滑板却不听使唤。司机按响了喇叭并踩了刹车。我们作出了孩子才有的举动：从雪橇上跳了下来。穿着连帽滑雪衫的我们像两根圆木一样从冰冷、潮湿的雪地里滚下去，心想我们就要撞上轮胎了。我们尖叫着“啊——”不停地翻滚，只觉得天地都在旋转，脸吓得通红通红。

接着，什么也没发生。我们停止了滚落，换了口气，从脸上抹去湿漉漉的雪泥。车子已经驶远了，司机对着我们在摇手指。我们平安了。雪橇一头扎进了雪堆。伙伴们跑过来拍打着我们说，“直够玄的，”“你们差点就没命了。”

我对弟弟咧嘴笑了，那份幼稚的自豪感使我们格外地亲热起来。这并不可怕，我们想，我们准备再次接受死亡的挑战。

第六个星期二

——谈论感情

我走过山月桂和日本槭树，踏上了莫里家的蓝砂岩台阶。白色的雨檐像帽盖一样突伸在门廊的上面。我按响了门铃，来开门的不是康尼，而是莫里的妻子夏洛特，一个漂亮、头发花白的妇女，说话很悦耳。我平时去的时候她不常在家——她按莫里的意愿仍在麻省理工学院工作——所以今天早上见到她我有些意外。

“莫里今天早上不太好，”她说。她的眼神有些恍惚，接着她朝厨房走去。

很抱歉，我说。

“不，不，他见到你会很高兴的，”她马上说道。“我肯定……”

她说到一半突然停住了，微微侧过头去，似乎在倾听着什么。接着她继续说，“我肯定……他知道你来了会好受得多。”

我提起了从超市买来的食品袋——送来补给品了，我打趣地说——她似乎笑了笑，同时又流露出烦恼的神情。

“食品太多了。他自从你上次来了以后就几乎没吃什么东西。”

我听了很吃惊。

他没吃东西？我问。

她打开冰箱，我看见了原封不动的鸡肉色拉、细面条、蔬菜、肉馅南瓜，以及其他所有我买给他的食物。她打开冷藏柜，那里的食品更多。

“这里的大部分东西莫里都不能吃。硬得无法下咽。他现在只能吃一些软食和流质。”

可他从未说起过，我说。

夏洛特笑了。“他不想挫伤你的感情。”

那不会挫伤我的感情。我只想能帮上点什么忙。我是说，我想给他带点什么来……

“你是给他带来了他需要的东西，他盼望着你的来访。他一直谈论着你们的课题，他说他要集中精力、挤出时间来做这件事。我觉得这给了他一种使命感……”

她的眼神又一次恍惚起来。我知道莫里晚上睡觉很成问题，他常常无法入睡，这就意味着夏洛特也时常睡不好。有时，莫里会躺着咳上几个小时——才能把痰咳出喉咙。他们现在请了夜间护理，白天又不断有来访者：以前的学生、同事、默念师，穿梭不停地进出这幢房子。有时，莫里会一下子接待五六个人，而且常常是当夏洛特下班回家以后。虽然这么多的外人占用了她和莫里在一起的宝贵时间，但夏洛特仍显得很有耐心。

"……一种使命感，"她继续说道。"是的，这对他有好处。"

但愿如此，我说。

我帮她把买来的食物放进冰箱。厨房的长台上放着各种各样的字条、留言、通知以及医疗说明书。餐桌上的药瓶也多了起来——治哮喘的塞列斯通，治失眠的阿替芬，抗感染的奈普洛克森[①]——还有奶粉和通便剂。客厅那边传来了开门声。

"也许他准备好了……我去看看。"

夏洛特又看了一眼我带来的食品，我突然感到一阵不安。莫里再也享受不到这些食品了。

疾病的可怕症状在逐渐显示出来。等我在莫里身边坐下后，他比平时更厉害地咳嗽起来，他的胸部随着一阵阵的干咳

① 药品的原文分别是 Selestone，Ativan，Naproxen。

而上下起伏，头也朝前冲出着。一阵剧烈的折腾之后，他终于停了下来。他闭着眼睛，吁了口气。我静静地坐着，觉得他正在慢慢缓过气来。

“录音机打开了吗?”他突然问，眼睛仍闭着。

是的，是的，我赶紧按下了录音键说。

“我现在做的，”他依旧闭着眼睛说，“是在超脱自我。”

超脱自我?

“是的，超脱自我。这非常重要——不仅对我这个快要死的人是这样，对像你这样完全健康的人也如此。要学会超脱。”

他睁开眼睛，长长地吐了口气。“你知道佛教是怎么说的?别庸人自扰，一切皆是空。”

可是，我说，你不是说要体验生活吗？所有好的情感，还有坏的情感?

“是的。”

那么，如果超脱的话又该怎么做呢?

“啊，你在思考了，米奇。但超脱并不是说不投入到生活中去。相反，你应该完完全全地投入进去。然后你才走得出来。”

我迷惘了。

“接受所有的感情——对女人的爱恋，对亲人的悲伤，或像我所经历的：由致命的疾病而引起的恐惧和痛苦。如果你逃避这些感情——不让自己去感受、经历——你就永远超脱不了，因为你始终心存恐惧。你害怕痛苦，害怕悲伤，害怕爱必须承受的感情伤害。

“可你一旦投入进去，沉浸在感情的汪洋里，你就能充分地体验它，知道什么是痛苦，什么是悲伤。只有到那时你才能说，‘好吧，我已经经历了这份感情，我已经认识了这份感情，现在我需要超脱它。’”

莫里停下来注视着我，或许是想看我有没有理解透彻。

“我知道你在想，这跟谈论死亡差不多，”他说，“它的确就像我反复对你说的：当你学会了怎么死，你也就学会了怎么活。”

莫里谈到了最让他害怕的时刻：剧烈的喘气使他透不过气来，他不知道还有没有第二口气能接上去。这是最让人害怕的时刻，他说，他最初的感情便是恐惧、害怕和担心。但当他认识了这些感情的内容和特征——背部的颤抖，闪过脑部的热眩——后，他便能说，“好了，这就是恐惧感。离开它。离开它一会儿。”

我在想，日常生活中是多么地需要这样的感情处理。我们常感到孤独，有时孤独得想哭，但我们却不让泪水淌下来，因为我们觉得不该哭泣。有时我们从心里对伴侣涌起一股爱的激流，但我们却不去表达，因为我们害怕那些话语可能会带来的伤害。

莫里的态度截然相反：打开水龙头，用感情来冲洗。它不会伤害你。它只会帮助你。如果你不拒绝恐惧的进入，如果你把它当作一件常穿的衬衫穿上，那么你就能对自己说，“好吧，这仅仅是恐惧，我不必受它的支配。我能直面它。”

对孤独也一样：体会它的感受，让泪水流淌下来，细细地品味——但最后要能说，“好吧，这是我的孤独一刻，我不怕感到孤独，现在我要把它弃之一旁，因为世界上还有其他的感情让我去体验。”

“超脱，”莫里又说道。

他闭上眼睛，接着咳了起来。

又咳了一下。

咳得更重了。

突然，他的呼吸急促了。他肺部的淤积物似乎在捉弄他，忽而涌上来，忽而沉下去，吞噬着他的呼吸。他大口大口地喘气，然后是一阵猛烈的干咳，连手也抖动起来——他闭着眼睛双手抖动的样子简直就像是中了邪——我感到自己的额头上沁出了汗珠。我本能地把他拉起来，用手拍打他的背部。他把手巾纸递到嘴边，吐出了一口痰。

咳嗽停止了。莫里一头倒在海绵枕头上，拼命地呼吸着。

“你怎么样？你没事吧?”我说。我在竭力掩饰自己的恐惧。

“我……没事,”莫里低声说,他举起颤抖的手,“稍等……片刻。”

我们无声地坐着,等他的呼吸渐渐趋于平缓。我的头皮里也沁出了汗珠。他叫我把窗户关上,外面吹进的微风使他感到冷。我没有告诉他外面的气温是华氏八十度。

最后,他像耳语似地说,“我知道我希望怎样地死去。”

我默默地听着。

“我想安详地死去。宁静地死去,不要像刚才那样。

“那个时候是需要超脱的。如果我在刚才那阵咳嗽中死去的话,我需要从恐惧中超脱出来,我需要说,‘我的时刻到了。’

“我不想让世界惊慌不安。我要知道发生了什么,接受它,进入一种安宁的心境,然后离去。你明白吗?”

我点点头。

现在别离去,我赶紧加了一句。

莫里挤出了一丝笑容。“不,现在还不会。我们还有事情要做。”

※

你相信轮回转世吗？我问。

“也许。”

你来世想做什么？

“如果我能选择的话，就做一头羚羊。”

羚羊？

“是的，那么优美，那么迅捷。”

羚羊？

莫里冲我一笑。“你觉得奇怪？”

我凝视着他脱形的躯体，宽松的衣服，裹着袜子的脚僵直地搁在海绵橡皮垫子上，无法动弹，犹如戴着脚镣的囚犯。我想象一头羚羊跃过沙漠的情景。

不，我说。我一点都不觉得奇怪。

教授，第二部分

莫里曾在华盛顿郊外的一家精神病医院工作过好几年，那家医院有一个听上去挺宁静的名字：栗树园。如果没有这段人生经历的话，莫里就不会是我所认识的那个莫里，也不会是众人所认识的那个莫里。那是莫里从芝加哥大学读出硕士学位和博士学位后最早找到的一份工作。他摈弃了医学、法律、商贸专业后，把搞研究看成是一个不靠剥削别人而有所贡献的工作。

莫里得到了医方的允许，他可以观察病人的行为举止，记录下对他们的治疗方法。这个做法在今天看来是很普通的，但在五十年代初它却极具挑战性和富有开拓精神。莫里看到了整天尖叫的病人，看到了整夜哭闹的病人。有的病人故意弄脏自己的内衣内裤，有的拒绝进食，得被人按倒后进行药物治疗，靠静脉注射让他进食。

病人中有一个中年妇女，她每天走出病房，俯卧着躺在铺着瓷砖的大厅里，一躺就是几个小时，医生和护士就在她身边走来走去。此景让莫里觉得非常可怕。他作了记录，这是他的工作。她每天都这样重复着：早上出来，在地上躺到傍晚时分，不跟别人说话，也不为他人所注意。莫里看了很难受，他也去坐在地上，甚至和她并排躺在一起，试图帮她从痛苦中解脱出来。最后，他终于使她坐了起来，甚至回到了病房。他琢磨出了其中的原因，她最需要的其实也是许多人都需要的东西——有人注意到自己的存在。

莫里在栗树园工作了五年。虽然院方并不鼓励他这么做，但他还是和一些病人交上了朋友，其中有一个女病人和他开玩笑说，她能进这儿来真是太幸运了，“因为我丈夫有钱，他付得起昂贵的医疗费。要是进那些价格便宜的精神病院，那才惨呢。”

另一个女病人——她朝任何人吐唾沫——也对莫里产生了好感，称他是她的朋友。他们每天交谈，其他的医务人员见有人能与她沟通，也都抱着赞许的态度。然而有一天她逃跑了，人们叫莫里帮着把她找回来。他们在附近的一家商店找到了她，她躲在很靠后的一个地方。当莫里进来时，她向他射去愤怒的目光。

“原来你和他们是一伙的，”她咆哮着说。

“和谁一伙？”

“看守我的狱卒。”

莫里观察到那儿的病人大多数在生活中都遭到别人的冷淡和厌弃，使他们感觉不到自己的存在。他们也得不到同情——这种同情心在医务人员的身上很快就耗空了。许多病人都很有钱，来自富有的家庭，显然财富并没有为他们带来幸福和满足。这是莫里永远不会忘记的经验教训。

我常取笑他说，他是对六十年代念念不忘的老古董。他回答我，与现在相比六十年代并不太糟。

他在精神病医院干完后便去了布兰代斯大学，那时正要进入六十年代，在短短的几年里，校园成了文化革命的温床。吸毒，性开放，种族歧视，反战示威。阿比·霍夫曼去了布兰代斯，杰里·鲁宾和安吉拉·戴维斯也去了布兰代斯。莫里的班上有许多激进分子。

造成这个情况的一个原因是，那些教社会学的教授不单单是教书，常常也卷入到社会和政治中去。比方说，他们都持激烈的反战态度。当教授们得知那些没有达到某一分数线的学生将被取消缓役资格时，他们便决定不给学生们打分。当学校当局说，“如果你们不打成绩，这些学生就作不及格处理时，”莫里提出了建议：“给他们全打A。”他们果真这么做了。

六十年代为校园带来了发展，也为莫里所在系的教授们拓展了思路，其中包括上课时开始穿牛仔裤和凉鞋，也包括把教室变成一个生气勃勃的场所。他们改变了单一的讲课模式，更提倡讨论的学习方法。他们不再追求理论而是推崇实践。他们把学生送到南方腹地[1]去研究人权，送他们去内地城市做实地考察。他们还去华盛顿参加示威游行，莫里经常和学生们一起乘坐公共汽车。在一次外出的旅途中，他颇觉有趣地看见一些穿戴着长裙和爱情念珠的姑娘们把鲜花放入炮筒，然后坐在草坪上，合拢着双手，试图去感化五角大楼。

“她们打动不了五角大楼的，”他后来回想道，“但是个不错的尝试。”

有一次，一群黑人学生占领了布兰代斯校园里的福特教学楼，并打出了马尔科姆·艾克斯[2]大学的横幅。福特教学楼设

① 指美国南部最具南方特点的几个省份，尤指南卡罗来纳、佐治亚、亚拉巴马和密西西比等州。
② 美国黑人领袖。

有化学实验室，校方担心那些激进分子会在地下室里制造炸弹。莫里心里比他们清楚。他认识到了问题的本质，那就是人需要意识到他们的存在价值。

僵局持续了好几个星期，而且丝毫没有缓解的迹象。这时莫里正好经过那幢大楼，里面有个示威者认出了这位他最喜欢的老师，于是大声喊他从窗口进去。

一个小时后，莫里带着一份示威者的要求从窗口爬了出来。他把这份要求送到了校长那里，形势得到了缓解。

莫里总是充当和平的使者。

在布兰代斯，他给学生们讲授社会心理学，心理疾病和健康以及小组疗程。教授们并不注重现在所谓的“职业能力”的培养，而是偏重于“个人发展”的研究。

正因为如此，今天的企业管理专业和法律专业的学生也许会把莫里的努力视作既愚蠢又幼稚的行为。他教出的学生能赚多少钱？他们能打赢多少有高额报酬的官司？

然而，有多少企业管理专业和法律专业的学生在离开大学后会再去看望他们的导师？莫里的学生却一直和他保持着联系。就在他最后的几个月里，有数以百计的学生回到他的身边。他们来自波士顿、纽约、加州、伦敦和瑞士；来自公司的办公室和内地的学校。他们打电话，写信。他们千里迢迢地赶来，就为了一次探望，一句话，一个微笑。

“我一生中从未有过像你这样的老师，”他们异口同声地说。

※

随着我对莫里的探访的继续，我开始学习有关死亡的学说，研究不同的文化对人生最后这段旅程的不同诠释。比如说，在北美的北极地带有个部落，他们相信世界上的一切生灵都存在着灵魂。它是一种缩小了的依附在躯体内的原我——因此，鹿的体内还有一头小鹿，人的体内也有一个小人。当大的躯体死去时，小的原我依然活着。它会投胎到诞生在附近的某某生物里，或者去天空的暂憩处——伟大女神的肚子里，等待月亮把它送回地球。

有时候，他们说，月亮因忙于新的灵魂的降世，于是便从天空中消失了。所以有的夜晚没有月光。但最终，月亮是要回来的，就像我们每个人一样。

这就是他们的信仰。

第七个星期二

——谈论对衰老的恐惧

莫里输掉了这场较量。现在得有人替他擦洗屁股了。

他以一种特有的勇气去面对这个现实。当他上完厕所后无法自己擦洗时，他把这一最新的情况告诉了康尼。

“让你帮我擦洗你会觉得难堪吗？”

她说不会。

我觉得他不同寻常，因为他最先求助的是康尼。

这不是一下子就能适应的，莫里承认道，因为从某种意义上说，这是完全向疾病屈服的表现。现在连做最隐私、最基本的事情的权力也被剥夺了——上厕所，擦鼻涕，擦洗自己的身体，除了呼吸和咽食外，他几乎一切都得依赖于别人。

我问莫里他是如何保持乐观态度的。

“米奇，这很滑稽，”他说。“我是个独立的人，因此我内心总在同这一切抗争——依赖车子，让人替我穿衣服等等。我有一种羞耻感，因为我们的文化告诉我们说，如果你不能自己擦洗屁股，你就应该感到羞耻。但我又想，忘掉文化对我们的灌输。我的大半生都没有去理睬这种文化。我没有必要感到羞耻。这有什么关系呢？

“你知道吗？真是太奇怪了。”

是什么？

“我感觉到了依赖别人的乐趣。现在当他们替我翻身、在我背上涂擦防止长疮的乳霜时，我感到是一种享受。当他们替我擦脸或按摩腿部时，我同样觉得很受用。我会闭上眼睛陶醉在其中。一切都显得习以为常了。

“这就像重新回到了婴儿期。有人给你洗澡，有人抱你，有人替你擦洗。我们都有过当孩子的经历，它留在了你的大脑深处。对我而言，这只是在重新回忆起儿时的那份乐趣罢了。

“事实上，当母亲搂抱我们，轻摇我们，抚摸我们时——我们没人嫌这份呵护太多，在某种程度上，我们甚至渴望回到完全由人照顾的年代去——这是一种无保留的爱，无保留的呵护。许多人都缺少这份爱。

“我就是。”

我望着莫里，顿时明白了他为什么喜欢我探过身去帮他扶正话筒、抬抬枕头或擦拭眼睛。人类的接触。七十八岁的他像成人那样给予，又像孩子那样接受。

那天晚些时候，我们谈到了年龄和衰老。或者说谈到了对衰老的恐惧——另一个列在我的目录上、困惑着我们这一代人的问题。我从波士顿机场开车来这儿的路上，注意到了许多印着俊男靓女的广告牌。一个英俊的牛仔在抽香烟，两个漂亮的姑娘对着洗发水嫣然而笑，一个举止撩人的女郎穿着敞开扣子的牛仔裤，一个身穿黑丝绒礼服的性感女子和一个身穿无尾礼服的男子依偎在苏格兰威士忌的酒杯旁。

我从未在广告牌上见过年龄超过三十五岁的模特。我对莫里说，虽然我竭力想停留在华年的巅峰，但我已有了桑榆暮景的感觉。我经常锻炼，注意饮食结构，在镜子里查看有没有白发。我从原来颇为自己的年龄自豪——因为我觉得自己是少年有成——到不愿提起年龄，害怕自己步入不惑之年后就再也没有事业上的成就感了。

莫里以一种更独特的视角来看待年龄问题。

"那是因为人们过于强调了年轻的价值——我不接受这种价值观，"他说。"我知道年轻也会是一种苦恼，所以别向我炫耀年轻的魅力。那些来找我的孩子都有他们的烦恼：矛盾、迷惘、不成熟、活着感到累，有的甚至想自杀……

“而且，年轻人还不够明智。他们对生活的理解很有限。如果你对生活一无所知的话，你还愿意一天天过下去吗？当人们在影响你，对你说使用这种香水可以变得漂亮，或穿这条牛仔裤可以变得性感时，你往往就相信了。其实那都是胡扯。”

你从来没有害怕过变老？我问。

“米奇，我乐于接受老。”

乐于接受？

“这很简单。随着年龄的增加，你的阅历也更加丰富。如果你停留在二十二岁的年龄阶段，你就永远是二十二岁的那般浅薄。要知道，衰老并不就是衰败。它是成熟。接近死亡并不一定是坏事，当你意识到这个事实后，它也有十分积极的一面，你会因此而活得更好。”

是啊，我说，可如果变老是那么有价值的话，为什么人们总说，“啊，但愿我变得年轻。”你从来没有听人这么说过，“但愿我已经六十五岁了。”

他笑了。“你知道这反映了什么？生活的不满足，生活的不充实，生活的无意义。因为你一旦找到了生活的意义，你就不会想回到从前去。你想往前走。你想看得更多，做得更多。你想体验六十五岁的那份经历。

“听着，你应该懂得一个哲理。所有年轻人都应该懂得这个哲理。如果你一直不愿意变老，那你就永远不会幸福，因为你终究是要变老的。

“米奇?”

他放低了声音。

“事实是，你总是要死的。”

我点点头。

“这不取决于你对自己怎么说。”

我知道。

他神态平静地闭上了眼睛，接着叫我帮他调节一下枕头的位置。他的身体需要不停地挪动，不然会难受。他整个人凹陷在那只堆满了白枕头、黄海绵和蓝毛巾的躺椅里。一瞥之下，你会以为莫里是在被装箱送去海运呢。

“谢谢，”我移动枕头时他对我低声说。

没关系，我说。

“米奇，你在想什么?”

我迟疑了一下。好吧，我说。我在想你怎么一点也不羡慕年轻、健康的人。

“哦，我想我是羡慕他们的。”他闭上了眼睛。“我羡慕他们可以去健身俱乐部，可以去游泳，可以跳舞。尤其是跳舞。但当这种感情到来时，我先感受它，然后便离开它。还记得我说过的超脱吗？离它而去。对自己说，‘这是忌妒，我要离开它。’然后我就离开了。”

他又咳嗽起来——一阵声音刺耳的长咳——他把一张手巾纸递到嘴边，无力地吐着痰。坐在那里，我觉得自己比他要强壮得多——多么荒唐可笑的念头——我觉得能把他提起来像一袋面粉一样扛在肩上。我为这一优越感而感到害臊，因为在其他任何方面我一点也不比他优越。

你怎么一点也不羡慕……

“什么？”

我？

他笑了。

“米奇，老年人不可能不羡慕年轻人。但问题是你得接受现状并能自得其乐。这是你三十几岁的好时光。我也有过三十几岁的岁月，而我现在是七十八岁。

“你应该发现你现在生活中的一切美好、真实的东西。回首过去会使你产生竞争的意识，而年龄是无法竞争的。”

他长吁了口气，垂下眼睛，好像注视着他的呼吸消散在空气里。

“实际上，我分属于不同的年龄阶段。我是个三岁的孩子，也是个五岁的孩子；我是个三十七岁的中年人，也是个五十岁的中年人。这些年龄阶段我都经历过，我知道它们是什么样的。当我应该是个孩子时，我乐于做个孩子；当我应该是个聪明的老头时，我也乐于做个聪明的老头。我乐于接受自然赋予我的一切权力。我属于任何一个年龄，直到现在的我。你能理解吗？”

我点点头。

“我不会羡慕你的人生阶段——因为我也有过这个人生阶段。”

※

“命运屈从于

无数个种类：只有一个

会危及它自己。”

——W·H·奥登

莫里最喜欢的诗人

第八个星期二

——谈论金钱

我把报纸举到莫里面前,他看见了上面的一行字:

我不想在我的墓碑上写着

“我从未拥有过广播网”。

莫里笑了,然后摇摇头。早晨的阳光从他背后的窗户照射进来,落在窗台上那盆木槿的淡红叶子上。这句话是亿万富翁、有线电视新闻网的创始人、媒体大亨特德·特纳写的,他为未能在公司的一笔大买卖中得到哥伦比亚广播公司的广播网而哀叹。我今天早上把这条新闻告诉莫里是因为我突发奇想,要是特纳发觉自己处于莫里的境地,呼吸渐渐地衰竭,躯体慢慢地变成石头,日子一天天地从日历上划去——他还会为失去广播网而大恸大悲吗？

“这是同一个问题，米奇，”莫里说。“我们树立了错误的价值观，从而对生活产生了一种幻想破灭的失落感。我认为我们该谈谈这个问题。”

莫里的注意力集中起来。他现在时好时坏。今天的情况算是不错。前一天晚上，当地的一个清唱组合来为他作了表演，他异常兴奋地讲述着这件事，似乎上门来为他演唱的是黑斑组合[①]。莫里患病前就十分喜爱音乐，如今这份爱好更强烈了，音乐会感动得他热泪盈眶。他有时在晚上听歌剧，闭上眼睛陶醉在激昂的歌声中。

“米奇，你昨晚要是来听就好了。他们唱得棒极了！”

莫里一向很容易满足，唱歌，跳舞，欢笑对他来说都是莫大的乐趣。如今，物质生活对他越来越无所谓了。人死的时候，人们常说“生不带来，死不带去”。莫里似乎早就明白了这个道理。

“我们国家提倡灌输的教育形式，”莫里叹道。“你知道他们是怎样灌输的吗？他们对你一遍又一遍地重复，这就是我们国家的做法。拥有得越多越好。钱越多越好。财富越多越好。商业行为也是越多越好。越多越好。越多越好。我们反复地

① 极有名的黑人歌手组合，共有四人。

对别人这么说——别人又反复地对我们这么说——一遍又一遍，直到人人都认为这是真理。大多数人会受它迷惑而失去自己的判断能力。

“无论我生活在哪里，我都会遇到一些对新的东西充满了占有欲的人，想拥有新的汽车，想拥有新的财产，想拥有新的玩具。然后沾沾自喜地向你炫耀：‘猜我得到了什么？猜我得到了什么？’

“你知道我对此是怎么解释的？这些人都渴望得到爱，但又得不到，于是就接受了这些替代品。他们乐于接受物质的东西，期望能得到类似于拥抱的感情回报，但这是行不通的。你无法用物质的东西去替代爱、善良、温柔或朋友间的亲情。

“钱无法替代温情，权力也无法替代温情。我能告诉你，当我坐在这儿等待死亡时，当你最需要这份温情时，金钱或权力都无法给予你这份感情，不管你拥有多少财富或权势。”

我环视莫里的书房。它同我第一次见到时的一模一样。书排放在书架的老地方。纸凌乱地堆满了那张旧的书桌。其他的房间也没有什么改善。事实上，莫里有很长时间，也许有好几年没有添置过新的东西——除了医疗器械。他得知自己患上不治之症的那一天，也就是他完全放弃购物欲的那一天。

因此，电视机还是老牌子，夏洛特开的那辆车还是原来的型号，盘子、银器和毛巾——都是旧的。然而，这屋子却在发生重大的变化。它充满了爱、教诲和交流，它充满了友谊、柔情、坦然和眼泪。它充满了同事、学生、默念师、治疗专家、护士和歌手。从真正的意义上说，它成了一个非常富有的家庭，尽管莫里银行账户上的数字在急剧地减少。

“这个社会在想要什么和需要什么这个问题上是很感困惑的，”莫里说。“你需要的是食物，而你想要的却是巧克力圣代。你得对自己诚实。你并不需要最新的跑车，你并不需要最大的房子。

“实际上，它们不能使你感到满足。你知不知道真正使你感到满足的是什么吗？”

是什么？

“给予他人你应该给予的东西。”

听起来像个童子军。

“我不是指金钱，米奇。我是指你的时间，你的关心，你的闲谈。这并不难。这儿附近开办了一个老年学校，几十个老年人每天去那儿。如果你年轻而且又有专长，学校就会请你去讲课。你在那里会很受欢迎。那些老人非常感激你。你给予了别人，于是你开始赢得别人的尊敬。

“有很多这样的地方。你不需要有非凡的才能。医院和避难所里那些孤独的人只想得到一点陪伴。你和一个孤独的老头打打牌，你就会发现新的生活价值，因为人们需要你。

“还记得我说过的关于寻求有意义的生活的话吗？我曾经把它写了下来；但现在我已经能背了：把自己奉献给爱，把自己奉献给社区，把自己奉献给能给予你目标和意义的创造。

“你瞧，”他咧嘴笑道，“里面没有提到薪水。”

我把莫里说的记在了黄拍纸簿上。我这么做是因为我不想让他窥视我的眼睛，不想让他揣摸出我的心思。我在想，毕业后的大部分时间我都在追求他所摈弃的东西——更大的玩物，更好的住房。由于我处在那些腰缠万贯、名声显赫的体育明星当中，因此我对自己说我的需求还是很现实的，同他们相比，我的欲望简直微不足道。

这是烟幕。莫里一针见血地说过。

“米奇，如果你想对社会的上层炫耀自己，那就打消这个念头，他们照样看不起你。如果你想对社会的底层炫耀自己，也请打消这个念头，他们只会忌妒你。身份和地位往往使你感到无所适从。唯有一颗坦诚的心方能使你悠然地面对整个社会。”

他停顿了一下，看了我一眼。“我就要死了，是吗？”

是的。

“那我为什么还要去关心别人的问题？难道我自己没在受罪？

“我当然在受罪。但给予他人能使我感到自己还活着。汽车和房子不能给你这种感觉，镜子里照出的模样也不能给你这种感觉。只有当我奉献出了时间，当我使那些悲伤的人重又露出笑颜，我才感到我仍像以前一样的健康。

“只要你做的是发自内心的，你过后就不会感到失望，不会感到妒忌，也不会计较别人的回报。否则，你就要患得患失。”

他咳嗽起来，伸手去拿椅子上的铃。他抓了几下也没拿住，最后我把它递到了他手里。

“谢谢，”他低声说。他无力地摇了摇铃，想叫康尼进来。

“这位特纳老兄，”莫里说，“他就不能在他的墓碑上写些别的？”

※

每天晚上，当我睡着时，我便死去了。第二天早晨，当我醒来时，我又复活了。

——圣雄甘地

第九个星期二

——谈论爱的永恒

树叶开始变颜色了，把西纽顿的林中骑马道染成了一幅金黄色的画。底特律那边，工会发动的那场战争陷入了僵局，双方都指责对方对谈判没有诚意。电视上的新闻也同样令人沮丧。在肯塔基，三个男子从公路桥上往下扔墓碑石块，石块击碎了从下面驶过的一辆汽车的玻璃窗，砸死了一个同家人一起去朝圣的十几岁女孩。在加州，O·J·辛普森一案正接近尾声，全国上下似乎都在关注这件事。就连机场里的电视机也都在播放有线电视网的节目，使你进出机场时也能了解这一案子的最新动态。

我给西班牙的弟弟打了几次电话，留话说我真的很想同他谈谈，我一直在想我们俩的事。几个星期后，我收到了他短短的留言，说他一切都好，但他实在不想谈论病情，很抱歉。

对我的教授来说，折磨他的倒不是对病情的谈论，而是疾病本身。就在我上次探访他之后，护士给他插了导尿管，他的小便通过管子流进椅子旁边的一个塑料袋。他的腿需要不停地按摩（虽然他的腿不能动弹，但依然有疼痛感，这是这种疾病又一个既残酷又具有讽刺意味的特征），他的脚也必须悬离海绵垫子几英寸，否则的话就像有人在用叉子戳他的脚，往往谈话进行到一半时，他就要让来访者移动一下他的脚，或调整一下他埋在花色枕头里的头的位置。你能想象头不能动弹的情形吗？

每次去看他，莫里总显得越来越坐不直身子，他的脊椎已经变了形。但每天早上他还是坚持让人把他从床上拖起来，用轮椅推他进书房，留他与那些书本、纸张和窗台上的木槿在一起。他在这种独特的生活方式里发现了某些带有哲理性的东西。

“我把它总结进了我的格言，”他说。

说给我听听。

“当你在床上时，你是个死人。”

他笑了。只有莫里能笑对这种苦涩的幽默。

他经常收到“夜线”节目的制作人员以及特德本人打来的电话。

“他们想再制作一档节目，”他说。“但他们说还想等一等。”

等到什么时候？等你还剩下最后一口气？

“也许吧。反正我也快了。”

别说这种话。

“对不起。”

我有些忿然：他们竟然要等到你的最后阶段。

“你感到生气是因为你在守护我。”

他笑了。“米奇，也许他们是想利用我增加点戏剧效果。没什么，我也在利用他们。他们可以把我的信息带给数以万计的观众。没有他们我可做不到这一点，是不是？所以，就算是我的让步吧。”

他咳嗽起来，接着是一阵长长的喘气。末了，一口痰吐在了揉皱了的手巾纸里。

“反正，”莫里说，“我让他们别等得太久。因为我的声音很快就会消失的。它一旦侵入我的肺部，我就不能开口了。我现在说上一会儿就要喘气。我已经取消了很多约会。米奇，许多人想来探望我，可我感到太疲倦了。如果我不能集中精力和他们交谈，我就帮不了他们。”

我看了一眼录音机，心里有一种负罪感，好像我是在偷窃他所剩无几的、宝贵的说话时间。“我们就此结束好吗?”我问。“你会不会太累?”

莫里闭上眼睛,摇摇头。他似乎在熬过一阵无声的痛楚。“不,”他最后说。“你和我得继续下去。

“你知道,这是我们的最后一篇论文。”

我们的最后一篇。

“我们得完成它。”

我想起了我们在大学里共同完成的第一篇论文。当然,那是莫里的主意。他说我可以写一篇优等生论文——这是我从来没有想过的。

此刻,我们在这里重复着十几年前的事。先立一个论点。由一个垂死的人对一个活着的人讲述他必须知道的东西。只是这一次我的论文没有时间的限制。

“昨天有人向我提了一个很有趣的问题,”莫里望着我身后的一块壁毯说,壁毯上拼着一条条朋友们为他七十大寿而写的题词。每一块拼贴上去的布条上都绣着不同的话:自始至终。百尺竿头。莫里——心理永远最健康的人!

什么问题,我问。

“我是不是担心死后会被遗忘?”

你担心吗?

“我想我不会。有那么多人亲近无比地介入了我的生活。爱是永存的感情，即使你离开了人世，你也活在人们的心里。”

听起来像一首歌——“爱是永存的感情。”

莫里咯咯地笑了。“也许吧。可是，米奇，就拿我们之间的谈话来说吧，你有时在家里是否也会听见我的声音？当你一个人的时候？或在飞机上？或在车子里？”

是的，我承认说。

“那么我死了以后你也不会忘记我的。只要想起我的声音，我就会出现在那儿。”

想起你的声音。

“如果你想掉几滴眼泪，也没关系。”

莫里，他在我上大学一年级时就想叫我哭。“有那么一天我会打动你的心肠的，”他常对我说。

好吧，好吧，我说。

“我决定了我的碑文怎么写，”他说。

我不想听见墓碑这个词。

“为什么？它让你感到紧张？”

我耸了耸肩。

"那我们就别提它。"

不,说下去。你决定怎么写?

莫里咂了咂嘴唇。"我想这么写:一个终生的教师。"

他等着让我去回味这句话。

一个终生的教师。

"好吗?"他问。

是的,我说,好极了。

我喜欢上了进门时莫里迎向我的笑脸。我知道,他对其他人都这样。可他能使每个来访者都感觉到他迎向你的笑是很独特的。

"哈哈,我的老朋友来了,"他一看见我就会用含混、尖细的声音招呼我。可这仅仅是个开头。当莫里和你在一起时,他会全身心地陪伴你。他注视着你的眼睛,倾听你的说话,那专心致志的神态就仿佛你是世界上唯一的人。要是人们每天的第一次见面都能像遇见莫里那样——而不是来自女招待、司机或老板的漫不经心的咕哝声,那生活一定会美好得多。

"我喜欢全身心地投入,"莫里说。"就是说你应该真正地和他在一起。当我现在同你交谈时,米奇,我就尽力把注意力集中在我们的谈话上。我不去想上个星期我们的会面，我不去想星期五要发生的事，我也不去想科佩尔要制作的另一档节目或我正在接受的药物治疗。

"我在和你说话。我想的只有你。"

我回想起在布兰代斯的时候，他在小组疗程课上常常教授这一观点。我那时候颇不以为然，心想这也算是大学的课程？学会怎样集中注意力？这有多少重要性可谈的？可我现在意识到它要比大学里的其他任何一门课都来得重要。

莫里示意我把手伸给他，当我这么做的时候，我心中不禁涌起了一股愧意。坐在我面前的是一个有理由去哀叹自己的痛苦和不幸的老人；只要他想这么做，他可以用醒来后的每一分钟去触摸他日益枯谢的躯体，去计算他呼吸的频率。然而，有那么多人仅仅为了一些琐事而如此的自我专注，他们的眼光只停留在你身上三十秒钟便游离开去。他们早已驰心旁骛——给某个朋友打电话，给某个地方发传真，或跟某个情人约次会。只有当你的话说完时，他们才猛地回过神来，和你"嗯嗯啊啊"、"是的是的"地敷衍几句。

"问题的部分症结，米奇，在于他们活得太匆忙了，"莫里说。"他们没有找到生活的意义所在，所以忙着在寻找。他们想到了新的车子，新的房子，新的工作。但过后他们发现这些东西同样是空的，于是他们重又奔忙起来。”

你一旦奔忙起来，我说，就很难再停得下。

“并不怎么难，”他摇摇头说。“你知道我是怎么做的？当有人想超我的车时——那还是在我能开车的时候——我就举起手……”

他想做这个动作，可手只抬起了六英寸。

“……我举起手，似乎要作出不太友善的手势，但随后我挥挥手，一笑了之。你不对他举起手指，而是让他过去，你就能一笑了之。

“知道吗？很多时候对方也会用笑来回答你。

“实际上，我不必那么急着开我的车。我情愿把精力放在与人的交流上。”

他在这方面是做得极其出色的。你和他谈论不幸的事情时，他的眼睛会变得湿润；你和他开一个哪怕是蹩脚的玩笑时，他的眼睛会笑成一条缝。他随时向你袒露他的感情，而这正是我们这一代人所缺少的品质。我们很会敷衍：“你是干什么的？”“你住在哪儿？”可真正地去倾听——不带任何兜售、利用或想得到回报的动机和心理——我们能做到吗？我相信在莫里的最后几个月里来看望他的人，有许多是为了从莫里那儿得到他们需要的关注，而不是把他们的关注给予莫里。而这位羸弱的老人总是不顾个人的病痛和衰退在满足着他们。

我对他说他是每个人理想中的父亲。

“唔，”他闭上眼睛说，“在这方面我是有体验的……”

莫里最后一次见到他父亲是在一家市停尸所。查理·施瓦茨生性寡言，他喜欢一个人在布朗克斯区特里蒙德街的路灯下看报。莫里小的时候，查理每天晚饭后便出去散步。他是个小个子的俄罗斯人，面色红润，满满一头浅灰的鬈发。莫里和弟弟大卫从窗口望着靠在路灯柱上的父亲，莫里很希望他能进屋来和他们说说话，但他很少这么做。他也从不替兄弟俩掖被子，吻他们道晚安。

莫里一直发誓说，如果他有孩子的话，他一定会对他们做这些事的。几年后，他当了父亲，他确实这么做了。

就在莫里开始抚养自己的孩子时，查理仍住在布朗克斯区。他仍去散步，仍去看报。有一天晚上，他吃完饭后又出去了。在离家几个街区的地方他遇上了两个强盗。

“把钱拿出来，”其中一个举着枪说。

吓坏的查理扔下皮夹就跑。他穿过街道，一口气跑到了一个亲戚家的台阶上，倒在了门廊里。

心脏病发作。

他当晚就死了。

莫里被叫去认领尸体。他飞到纽约,去了那家停尸所。他被带到楼下存放尸体的那间冷气房。

“是不是你父亲?”工作人员问。

莫里看了一眼玻璃罩下面的尸体,正是那个责骂过他、影响过他、教他如何干活的人的尸体;他在莫里需要他说话时却一言不发,他在莫里想和别人一起共享对母亲的那份感情时却要他把回忆压抑在心里。

他点点头就走了。他后来说,房间里的恐怖气氛攫走了他所有的感官能力。他过了几天才哭了出来。

但父亲的死却使莫里知道了该如何去准备人生的最后一段旅程。他至少懂得了:生活中应该有许多的拥抱、亲吻、交谈、欢笑和道别,而这一切他都没来得及从父亲和母亲那里得到。

当最后的时刻到来时,莫里会让所有他爱的人围在他的身边,亲眼看见发生的一切。没人会接到电话,或接到电报,或在某个既冷又陌生的地下室里隔着玻璃看他。

※

在南美的热带雨林中，有一个名叫迪萨那的部落，他们认为世界是个恒定的能量体，它在万物中流动。因此，一个生命的诞生就招致了另一个生命的终结，同样，每一个死亡也带来了另一个生命。世界的能量就这样保持着平衡。

当他们外出狩猎时，迪萨那人知道他们杀死的动物会在灵魂井里留下一个洞穴，这个洞穴将由死去的迪萨那猎手的灵魂去填补。如果没有人死去，就不会有鸟和鱼的诞生。我很赞同这个说法。莫里也很赞同。越接近告别的日子，他似乎越感到我们都是同一座森林里的生物。我们获取多少，就得补偿多少。

“这很公平，”他说。

第十个星期二

——谈论婚姻

我带了一位客人去见莫里。我妻子。

自从我第一次见到他，他就一直问我，“我什么时候能见詹宁？”“你什么时候带她来？”我一直在找借口敷衍他，但几天前当我打电话探望他时，我改变了主意。

等了好一会莫里才接了电话。我听得见有人把电话递到他的耳边，他已经拿不起电话了。

“你—好，”他喘息着说。

你怎么样，教练？

我听见他沉重的呼气声。“米奇……你的教练……不太好……”

他的睡眠越来越糟。他现在几乎整夜都需要吸氧。阵发性的咳嗽也越来越厉害了。有时，一阵咳嗽会持续一个小时，他从不知道什么时候能停下来。他一直说当疾病侵入他的肺部时他就会死。一想到死神已离他那么近了，我不禁打了个寒颤。

我星期二来看你，我说。到那天你会好些的。

“米奇。”

嗯？

“你妻子也在吗？”

她正坐在我的旁边。

“把电话给她。我想听听她的声音。”

我娶的是一位非常善良体贴的妻子。虽然她从未见过莫里，她却抓起了话筒——换上我，我一定会摇着头嘘道，“说我不在，说我不在”——不一会，她就和我的老教授聊了起来，那融洽的谈话声就好像他们早在大学里就认识了。我能感觉出这一点，尽管我听见的只是“嗯—嗯……米奇告诉过我……哦，谢谢……”

她挂上电话后说，“我下星期二去看他。”

于是就有了这次访问。

此刻我们坐在他的书房里，围在躺椅的周围。正像他自己承认的那样，莫里是个不怀恶意的调侃高手。尽管他常常要受到咳嗽或上厕所的困扰，但詹宁的到来似乎又为他增添了新的能量。他望着我们带去的结婚照。

“你是底特律人?”莫里问。

是的,詹宁说。

“我在底特律教过一年书,是在四十年代后期。我还记得那时发生的一件趣事。”

他停下来想擤鼻子。他抖抖嗦嗦地去拿手巾纸,我拿起一张放在他鼻孔处,他无力地擤了一下。我轻轻地用纸捏了一把,然后扔掉了脏纸,就像一个母亲对坐在车子里的孩子做的那样。

“谢谢,米奇。”他望望詹宁。“我的护理工,挺不错的一个。”

詹宁笑了。

“好吧,讲讲那件趣事。大学有一帮社会学家,我们经常和其他系的教师玩扑克,他们当中有一个外科教授。一天晚上打完牌他说,‘莫里,我想听听你的课。’我说行。于是他去听了我的一堂课。

“课结束后他说,‘怎么样,想不想也来看看我的工作?我今晚有个手术。’作为礼尚往来,我答应了。

“他把我带到了医院。他对我说,‘把手清洗一下,带上口罩,穿上罩衣。’于是我和他并排地站在了手术台旁。手术台上的病人是个妇女,腰部以下脱得光光的。他拿起手术刀就划了下去——就像这样……”

莫里举起手指划了个弧形。

“……我当时吓坏了，差点晕过去。到处是血。我身边的护士问，‘你怎么啦，医生？’我说‘见鬼，我才不是什么医生！让我出去！’”

我们笑了，莫里也笑了，但笑得很艰难，因为他的呼吸功能很有限。这是这几个星期来他第一次这么说笑。真不可思议，我想，看见别人的疾病曾差点晕倒的他居然能忍受自己如此凶险的顽疾。

康尼来敲门说莫里的午餐准备好了。午餐不是我那天早上在面包马戏超市买来的胡萝卜汤、蔬菜饼和希腊面食。尽管我挑最容易咀嚼和消化的软食买，可莫里极有限的咀嚼和下咽功能仍对付不了它们。他现在主要吃流质，顶多来一块搅拌成泥状、容易消化的麦麸松饼。几乎所有的食物夏洛特都要做成羹，他用吸管进食。我每个星期仍然去采购，带着食品袋走进房间。但这么做无非是为了博得他的高兴而已。一打开冰箱，我便看见堆得满满的食品。我也许在期待有那么一天，我俩能在一起真正地吃上一顿午餐，我想见到他边嚼食物边说话的样子，嘴角油腻腻的。可这是个愚蠢的期待。

“那么……詹宁，”莫里说。

她笑笑。

“你真可爱。把你的手给我。”

她伸过手去。

“米奇说你是个专业歌手。”

是的，詹宁说。

“他说你很了不起。”

哦，她笑了。不，他说说而已。

莫里眉毛一扬。“你能为我唱首歌吗？”

自从我认识詹宁以来，我遇到过不少人对她提出这个要求。人们听说你是专业歌手，都会说，“给我们唱一首。”一半是出于腼腆，而且她又是个很计较场合的完美主义者，所以她从未答应过。她总是很有礼貌地推辞，我想她现在也会这样的。

但她却唱了：

“一想到你

我便心绪全无

尘世的一切全抛在脑后……”

这是三十年代的一首流行歌曲，由雷·诺布尔作的词。詹宁望着莫里，非常动人地演唱着。我不由得再次为莫里的能力感到惊讶：他如此善于开启人们心中的感情之闸。莫里闭着眼睛在欣赏。我妻子甜美的歌声盈满了屋子的每一个角落，莫里的脸上绽开了笑容。尽管他的身体僵硬得如同一只沙袋，但你能看见他的心在翩翩起舞。

每一朵鲜花映着你的脸，
每一颗星星闪烁着你的眼神，
这是对你的思念，
一想到你，
亲爱的……

等她唱完，莫里睁开眼睛，泪水顺着面颊流淌下来。这些年我一直在听妻子的演唱，可从来没有像莫里这么动情过。

婚姻。几乎所有我认识的人都对婚姻感到困惑。有的不知怎样走进去，有的不知怎样走出来。我们这一代人似乎想挣脱某种义务的束缚，把婚姻视作泥潭中的鳄鱼。我常常出席别人的婚礼，向新婚夫妇贺喜祝福。然而几年以后，当那位新郎与另一位他称作朋友的年轻女子同坐在饭店里时，我只会稍感惊讶而已。“你知道，我已经和某某分居了……”他会对你如是说。

我们为什么会遇到难题？我问了莫里。当我等了七年后才向詹宁求婚时，我暗自在想，是不是我们这一代人要比我们的前辈更加谨慎，或者更加自私？

“咳，我为你们这一代人感到遗憾，”莫里说。“在这个社会，人与人之间产生一种爱的关系是十分重要的，因为我们文化中的很大一部分并没有给予你这种东西。可是现在这些可怜的年轻人，要么过于自私而无法和别人建立真诚的恋爱关系，要么轻率地走进婚姻殿堂，然后六个月后又匆匆地逃了出来。他们并不清楚要从伴侣那儿得到什么。他们连自己也无法认清——又如何去认识他们要嫁娶的人呢？

他叹了口气。莫里当教授的那会儿曾接受过许多不幸恋人的咨询。“这很令人悲哀，因为一个爱人对你的生活是非常重要的。你会意识到这一点，尤其当你处于我的境地时。朋友对你也很重要，但当你咳得无法入睡，得有人整夜坐着陪伴你、安慰你、帮助你时，朋友就无能为力了。”

在学校里相识的夏洛特和莫里结婚已有四十四年了。我在观察他们在一起的生活：她提醒他吃药，进来按摩一下他的颈部，或和他谈论他们的儿子。他们像一个队里的队员，彼此只需一个眼神就能心领神会。夏洛特和莫里不同，她性格比较内向，但我知道莫里非常尊重她。我们谈话时他常常说，“夏洛特要是知道我在谈论这事会不高兴的，”于是便结束了这个话题。这是莫里唯一克制自己情感世界的时候。

“我对婚姻有这样一个体会，”他对我说。“你通过婚姻可以得到检验。你认识了自己，也认识了对方，知道了你们彼此是否合得来。”

有没有一条标准可以用来衡量婚姻的成功与否？

莫里笑了。“事情没有那么简单的，米奇。”

我知道。

“不过，”他说，“爱情和婚姻还是有章可循的：如果你不尊重对方，你们的关系就会有麻烦；如果你不懂怎样妥协，你们的关系就会有麻烦；如果你们彼此不能开诚布公地交流，你们的关系就会有麻烦；如果你们没有共同的价值观，你们同样会有麻烦。你们必须有相同的价值观。

“而这一价值观里最重要的，米奇。”

是什么？

“你们对婚姻的重要性的信念。”

他擤了一下鼻子，然后闭上了眼睛。

“我个人认为，”他叹了口气说，“婚姻是一件很重要的事情，如果你没去尝试，你就会失去很多很多。”

他用一句诗来结束了这个话题：“相爱或者死亡。”他十分虔诚地相信这句箴言。

※

好吧，想提一个问题，我对莫里说。他瘦骨嶙峋的手握着胸前的眼镜，随着他费力的呼吸，眼镜一上一下地在起伏。

“什么问题？”他问。

记得《约伯记》[1]吗？

“《圣经》里的那个？”

是的。约伯是个好人，可上帝却要他受罪。为了考验他的忠诚。

“我记得。”

剥夺了他的一切，他的房子，他的钱，他的家庭……

“还有他的健康。”

① 基督教《圣经·旧约》中的一卷。

使他病魔缠身。

“为了考验他的忠诚。”

是的，为了考验他的忠诚。我在想……

“想什么？”

你对此是怎么看的？

莫里剧烈地咳嗽起来。他手放回身边时抖得很厉害。

“我想，”他笑笑说，“上帝做得太过分了。”

第十一个星期二

——谈论我们的文化

“拍得重些。”

我拍打着莫里的背。

“再用力些。”

我又拍打下去。

“靠近肩部……往下一点。”

莫里穿着睡裤侧卧在床上，他的头陷在枕头里，嘴巴张开着。理疗师在教我怎样把他肺部的毒物拍打出来——莫里现在需要按时做这种理疗，不然他的肺就会硬化，从而丧失呼吸的功能。

“我……早就知道……你想……打我……”莫里喘着气说。

没错，我一边用拳头叩击他雪白的后背，一边开玩笑地说。谁叫你在大学二年级时给了我一个 B！再来一下重的！

我们都笑了，这是面对魔鬼的临近而发出的惴惴不安的笑，如果没人知道这是莫里临死前的健身操，这场面或许会挺有趣的。莫里的病现在已经危险地逼近了他的最后一道防线——肺部。他已经预见到他最终会窒息而死，这是我所无法想象的。有时他会闭上眼睛，用力把一口气吸到嘴巴和鼻孔处，就像在做起锚前的准备工作。

刚进十月，外面的气候开始转凉，吹落的树叶铺满了西纽顿周围的绿化地。莫里的理疗师比平时来得更早了。通常，当护士和专家在他身边忙碌时，我总是找借口避开的。但几个星期下来，随着我们的时间在不断缩短，我不再对人体的种种窘态那么敏感了。我想呆在那儿。我想看见发生的一切。这不是我平常的性格。但最后几个月发生在莫里家中的一切也是不平常的。

于是我看着理疗师对躺在床上的莫里进行治疗，她叩击莫里背部的肋骨，问他是否感觉到胸口的郁闷有所缓解。她停下来休息时，问我想不想试试。我说行。莫里埋在枕头里的脸上浮现出一丝笑容。

“别太狠，”他说，“我是个老头了。”

我在她的指导下，来来回回敲打着他的背部和侧部。我不愿去想莫里躺在床上的情形（他最新的格言“当你在床上时，你就是个死人”又回响在我的耳边),蜷缩着身子侧卧在床上的莫里显得那么瘦小,那么枯槁,简直就跟一个孩子的身材差不多大。我看见了他白皙的皮肤,零散的白色汗毛,看见了他疲软下垂的双臂。我想起了我们曾热衷于健身:举杠铃,练仰卧起坐;然而最终自然又将我们的肌肉夺了回去。我的手指触摸在莫里松弛的肌肉上,我按着理疗师的指导拍打着他。而实际上,当我在捶打他的背部时,我真正想捶打的却是墙壁。

“米奇?”莫里喘着气说,他的声音在我的捶打下像风钻一样振动着。

嗯?

“我……什么时候……给过你……B?”

莫里相信人之初性本善。但他也看到了事物的可变性。

“人只有在受到威胁时才变坏,”他那天对我说,“而这一威胁正是来自我们的文明社会,来自我们的经济制度。即使有工作的人也会受到威胁,因为他会担心失去它。当你受到威胁时,你就会只为自己的利益考虑,你就会视金钱为上帝。这就是我们文化的一部分。”

他呼出一口气。“这就是为什么我不能接受它。”

我点点头，握紧他的手。我们现在常常握手，这是发生在我身上的又一个变化。从前使我感到窘迫和拘谨的事情现在则成了家常便饭，通过一根管子连接到他体内、里面装满了黄色尿液的导管袋就放在我的脚边。早几个月它会使我感到恶心，现在我一点也无所谓。莫里如厕后留在房间里的气味同样对我没有影响。他没有条件更换居住的房间，也无法关上厕所的门往屋里喷洒空气清新剂。这是他的床，这是他的椅子，这是他的生活。如果我的生活也被圈在这样一个弹丸之地，我想我留下的气味也好不到哪儿去。

“这就是我说的你应该建立一个自己的小文化，”莫里说，“我并不是让你去忽视这个社会的每一条准则。比方说，我不会光着身子去外面转悠；我也不会去闯红灯。在这类小事情上我能遵纪守法。但在大问题上——如何思想，如何评判——你必须自己选择。你不能让任何一个人——或任何一个社会——来替你作出决定。

“就拿我来说吧。我似乎该为许多事而感到害臊——不能行走，不能擦洗屁股，有时早上醒来想哭——其实生来就没有理由要为这些事情感到羞耻。

“女人拼命想苗条，男人拼命想富有，也是同样的道理。这都是我们的文化要你相信的。别去相信它。”

我问莫里他年轻时为何不移居他国。

“去哪儿?”

我不知道。南美。新几内亚。一个不像美国那么私欲膨胀的地方。

“每个社会都有它自己的问题,”莫里说,他扬了扬眉毛,这是他最接近耸肩的表示。“我认为逃避并不是解决的方法。你应该为建立自己的文化而努力。

“不管你生活在哪儿,人类最大的弱点就是缺乏远见。我们看不到自己的将来。其实,我们应该看到自己的潜能,让自己尽量去适应各种发展和变化。但如果你的周围尽是那些利欲熏心的人,那么结局便是一小部分的人暴富起来,军队的任务是防止贫穷的人起来造反,抢夺他们的财富。”

莫里的目光越过我的肩头落在远处的窗户上。迎面偶尔传来卡车的隆隆声和风的呼啸声。他对着邻居的房子凝视了一会儿,继续说道,

“问题是,米奇,我们不相信我们都是同样的人。白人和黑人。天主教徒和新教徒。男人和女人。如果我们彼此不觉得有差异,我们就会乐意加入人类的大家庭,就会像照顾自己的小家一样去关心那个大家庭。

“相信我,当你快要死的时候,你会认识到这是对的。我们

都有同样的开始——诞生——我们也有同样的结局——死亡。因此，我们怎么会有大的区别呢？

“投入到人类的大家庭里去。投入到人的感情世界里去。建立一个由你爱的人和爱你的人组成的小社会。”

他轻轻地握握我的手，我也用力地握握他的。就像在卡尼伐竞赛[①]中，你敲下锤子，看着圆球升向上面的洞口那样，我此刻似乎也看见了我的体热正从莫里的手传向他的胸口，又从胸口升向他的脸颊和眼睛。他笑了。

“在生命的起点，当我们还是婴儿时，我们需要别人活着，对不对？在生命的终点，当你像我现在这样时，你也需要别人活着，是吗？”

他压低了声音。“可还有个秘密：在生命的中途，我们同样需要别人活着。”

那天下午晚些时候，康尼和我去卧室收看法庭对O·J·辛普森的裁决。当原告和被告都面向陪审团时，场面顿时紧张起来。辛普森身穿蓝色西服，被一群律师团团围着。离他几英尺的地方便是那些要他蹲大牢的检察官们。陪审团团长宣读

① 一种游艺场里的游戏。

了裁决——“无罪”——康尼尖叫起来。

“哦,我的天!”

我们看着辛普森拥抱他的律师,听着评论员的评述,成群的黑人在法庭外的街道上庆贺,而白人则目瞪口呆地呆坐在饭店里。人们称这一判决具有历史性的意义,尽管每天都有谋杀发生。康尼去了客厅。她看腻了。

我听见莫里书房的门关上了。我盯着电视机。世界上每一个人都在看,我对自己说。然而就在这时,我听见有人把莫里从椅子上拖了起来。我笑了:就在“世纪审判”戏剧性地收场时,我的老教授正坐在抽水马桶上。

※

1979年，布兰代斯的体育馆里有一场篮球赛。我们的球队打得不错，学生席上响起了叫喊声："我们第一！我们第一！"莫里就坐在旁边，喊声让他感到困惑。终于，他在一片"我们第一"的叫喊中站起来大吼一声，"第二又怎么样？"

学生们望着他，停止了叫喊。他坐了下来，得意地笑了。

视听教学，第三部分

“夜线”节目组的摄制人员回来进行他们第三次、也是最后一次的采访。这次的氛围和以前的不一样。这次与其说是采访，还不如说是作伤心的话别。特德·科佩尔打了好几个电话后才上场，他问莫里，“你觉得行吗？”

莫里自己心中也没谱。“我现在整天都感到很累，特德。我还常常喘不过气来。如果我一时说不上来，你能替我说吗？”

科佩尔说行。接着这位处事一向冷峻的主持人再次说，“如果你不想进行这次采访，莫里，没关系，我可以对着镜头跟观众说再见。”

后来，莫里颇感得意地说，“他被我感化了。”的确如此。科佩尔如今称莫里为“朋友”。我的老教授竟然激发出了电视业的同情心。

莫里在这个星期五下午的采访中仍穿着昨天穿的那件衬衫。他现在隔天换一次衣服。今天他也不想破这个例。

和前两次的科佩尔一施瓦茨会晤不同,这一次自始至终是在莫里的书房里进行的,莫里已经成了那张躺椅的囚徒。科佩尔一见到莫里先吻了他,然后侧身从书橱前挤到了镜头里。

正式采访开始前,科佩尔询问了疾病的进展情况。“变得有多糟,莫里?”

莫里无力地抬抬手,连腹部也没超过。他只能抬到这儿。

科佩尔有了答案。

摄像机转动起来,第三次、也是最后一次的采访开始了。科佩尔问莫里他对死神的临近是不是感到更害怕了。莫里说没有。事实上,他反而不怎么怕了。他说他正在远离外面的世界,不再像以前那么多地听人读报,也不太关心来往的信件,更多时候是听听音乐,看窗外的树叶渐渐地变换颜色。

莫里知道还有其他的人也遭受着 ALS 的折磨,有些还是名人,比如说斯蒂芬·霍金,这位才华横溢的物理学家和《时间简史》的作者。他的喉咙开了个洞,说话要靠一只电脑合成器的帮助,笔录靠一台传感器根据他眨眼睛的变化来作出判断。

这是十分令人钦佩的,但这并不是莫里选择的活法。他对科佩尔说他知道该什么时候说再见。

“对我来说，特德，活着就意味着能和别人交流。就是说我必须能表达自己的感情和感受。能同他人交谈，去感受他们的思想……”

他呼了口气。“当这种能力消失时，莫里也消失了。”

他们像老朋友一样交谈着。因为前两次采访中都提起过，科佩尔这次又提了“擦洗屁股”的老话题——也许想得到对方一个诙谐幽默的反应。但莫里累得连笑都很困难。他摇摇头。“当我坐在便桶上时，我怎么也坐不直身子。我老是往前倾，所以他们得扶住我，完事后他们还得替我擦洗，眼下已经到了这个地步了。”

他对科佩尔说他想安宁地死去。他当众发表了他最新的格言：“别走得太快，但也别拖得太久。”

科佩尔心酸地点点头。第一次“夜线”节目播出至今才过去了六个月，但莫里·施瓦茨显然已经垮了。他当着全国电视观众的面在衰竭，如同一部死亡的连续短片。然而，尽管他的躯体在腐朽，他的人格精神却更加光彩夺目。

在采访即将结束时，摄像机的镜头拉出了莫里的特写——甚至连科佩尔也不在镜头内，只传出他的画外音——主持人问我的老教授还有没有话要对成千上万被他感动的观众说。我不禁想到了死囚临刑前人们也会这么问，当然，科佩尔并没有联想到这个。

“要有同情心，”莫里声音微弱地说。“要有责任感。只要我们学会了这两点，这个世界就会美好得多。”

他吸了口气，然后加上了他的祷文：“相爱或者死亡。”

采访结束了。但不知是什么缘故，摄影师仍让机器转动着。于是，最后的场面也留在了像带上。

“你干得不错，”科佩尔说。

莫里无力地笑笑。

“我把所有的都给你了，”他低声说。

“你总是这样。”

“特德，这疾病一直在敲打我的灵魂，但它夺不走它。病魔可以夺去我的躯体，但无法夺去我的灵魂。”

科佩尔的眼眶里已经盈满了泪水。“你做得很好。”

“你这么认为？”莫里翻着眼睛望着天花板。“我在和上帝谈判。我问上帝，‘我能成为天使吗？’”

这是莫里第一次说他在同上帝交谈。

第十二个星期二

——谈论原谅

“临死前先原谅自己，然后原谅别人。”

这是“夜线”专访的几天以后。天空中阴霾密布。莫里盖着毯子，我坐在他那张躺椅的另一头，握着他裸露的脚。脚上长满了硬皮，而且呈拳曲状，脚趾甲呈黄颜色。我拿着一瓶润肤液，挤一点在手上，然后按摩他的脚踝处。

这是几个月来我看见那些助手们常替莫里做的事情之一，我现在自告奋勇地要做这事，为的是能更多地接触他。疾病甚至剥夺了莫里扭动脚趾的功能，然而他却依然有疼痛感，而按摩可以缓解痛楚。再说，莫里喜欢有人去触摸他。在这个时候，只要是能使他开心的，任何事我都愿意去做。

“米奇，”他又回到了原谅这个话题。“记恨和固执都是毫无意义的。这种情绪——他叹了口气——这种情绪让我抱憾终身。自负。虚荣。我们为什么要这么做呢?”

我想问的是原谅有多重要。我在电影里常看到一些大亨式的人物临终前把疏远的儿子叫到床前,然后才平静地死去。我不知道莫里是否也有这种念头:在他临终前突然想说声“对不起”?

莫里点点头。“看见那尊雕像吗?”他斜了斜头,指向靠着对面墙的书橱上的一个头像。它放在书橱的高层,我平时从来没有注意到。雕像是铜的,塑的是一个四十出头的男子,系着领带,一绺头发飘落在额前。

“那是我,”莫里说。“一个朋友大约在三十年前雕刻的。他叫诺曼。我们以前常在一起。我们去游泳,我们搭车去纽约。他把我带到他在剑桥[1]的公寓,在他的地下室里为我雕刻了这尊头像。这花了他好几个星期,可他干得一丝不苟。”

我望着那张脸,真有一种异样的感觉:那个三维形的莫里是那么健康,那么年轻,他看着我们交谈。虽然是铜像,但仍透出几许活泼的神态。我觉得那位朋友确实刻出了莫里的一些内在气质。

“咳,令人不快的事情发生了,”莫里说。“诺曼和他妻子去了芝加哥。过后没多久,我妻子夏洛特动了一次大手术。诺曼

---

① 哈佛大学所在地。

和他妻子始终没跟我们联系，但我知道他们是知道这件事的。他们伤了我和夏洛特的心：竟连一个电话都不打。于是我们就中断了关系。

“后来，我只见到诺曼一两次，他一直想同我和解，但我没有接受。他的解释不能使我满意。我很自负。我拒他于千里之外。”

他的声音有些哽咽。

“米奇……几年前……他死于癌症。我感到非常难过。我没有去看他。我一直没有原谅他。我现在非常非常地懊悔……”

他又哭了起来，那是无声的哭泣，泪水流过面颊，淌到了嘴唇。

对不起，我说。

“没关系，”他低声说，“流泪有好处。”

我继续在他坏死的脚趾上涂抹润肤液。他默默地哭了几分钟，沉浸在对往事的回忆里。

“我们不仅需要原谅别人，米奇，”他又说道，“我们也需要原谅自己。”

原谅自己？

“是的，原谅自己应该做而没有做的事。你不应该陷在遗憾的情绪中无法自拔，这对你是没有益处的，尤其是处在我这个阶段。

“我一直希望自己工作得更出色些，希望能多写几本书。我常常为此而自责。现在我发现这毫无帮助。跟它和解。跟自己和解。跟你周围的人和解。”

我探过身去用纸擦去了他的眼泪。莫里睁了睁眼睛又闭上了。他的呼吸又粗又重，像打鼾似的。

“原谅自己。原谅别人。不要犹豫，米奇，不是每个人都能像我这样可以拖一段时间的。有的并不那么幸运。”

我把擦过的纸扔进废纸篓，继续为他的脚按摩。幸运？我用拇指用力地按他变硬的肌肤，他一点感觉都没有。

“反向力，米奇，还记得吗？事物朝两个方向发展。”

我记得。

“我哀叹时间在无情地逝去，但我又庆幸它仍给了我弥补的机会。”

我们静静地坐在那里，雨水打在窗上，他身后的那棵木槿小而挺拔，依然生命旺盛。

“米奇，”莫里低声说。

嗯？

我神情专注地揉动着他的脚趾。

“看着我。”

我抬起头来，看见了他非常严肃的眼神。

“我不知道你为什么回到我身边来。但我想说……”

他打住了话头，声音有些哽咽。

“如果我还能有个儿子，我希望他是你。”

我垂下眼睛，搓揉着他坏死的肌肤。一时间我感到有些害怕，似乎接受了莫里的感情就意味着背叛自己的父亲。可当我抬起头来，看见莫里噙着泪水的笑容时，我知道这时候是没有背叛的。

我真正害怕的是跟他说再见。

※

"我已经选好了墓地。"

在哪儿?

"离这儿不远。在山坡上,傍着一棵树,可以俯视到一个水池。非常宁静。一个思考的好地方。"

你准备在那儿思考?

"我准备在那儿死去。"

他笑出声来,我也笑了。

"你会去看我吗?"

看你?

"来和我说说话。安排在星期二。你总是星期二来。"

我们是星期二人。

"对,星期二人。你会去吗?"

他的身体虚弱得真快。

“看着我，”他说。

我看着他。

“你会去我的墓地吗？告诉我你的问题？”

我的问题？

“是的。”

你会回答我吗？

“我会尽力的。我不是一直这么做的吗？”

我想象着他的墓地：在山坡上，俯视着一片水塘。人们把他安葬在九英尺见方的土地里，上面盖上泥土，树一块碑。也许就在几个星期后？也许就在几天后？我想象自己独自坐在那儿，双手抱膝，仰望着天空。

不一样了，我说，没法听见你的说话。

“哈，说话……”

他闭上眼睛笑了。

“知道吗？我死了以后，你说，我听。”

第十三个星期二

——谈论完美的一天

莫里死后想火化。他把这个想法告诉了夏洛特,他们都认为这样做最妥善。布兰代斯大学的拉比[①],阿尔·阿克塞尔拉德——莫里的老朋友,他们请他来主持葬礼——来看莫里,莫里把火化的想法告诉了他。

"阿尔?"

"嗯?"

"千万别把我烧过了头。"

拉比听了直发愣。可莫里现在老拿自己的身体开玩笑,越接近生命的终结,他越把自己的身体看作是个壳,仅仅是一具装有灵魂的外壳。它渐渐地枯萎成一堆毫无用处的皮肤和骨头,然后便可毫不费力地化去。

① 指犹太教主持仪式的神职人员。

“我们很害怕看见死亡，”我坐下后莫里对我说。我扶正他衣领上的话筒，可它还是不停地滑落下来。莫里又咳嗽起来。他现在不停地咳。

“我那天看了一本书。里面说有个人在医院里死去时，他们立即用被单盖住他的头，把尸体推入了倾卸槽。他们迫不及待地要让它从面前消失，好像死亡会传染开似的。”

我还摆弄话筒。莫里看了一眼我的手。

“它不会传染的，这你知道。死亡跟生命一样自然。它是我们生活的一部分。”

他又咳了。我退后去看着他，随时做好应急的准备。莫里近来晚上的情形也不妙。那些夜晚真叫人提心吊胆。他睡不上几个小时就会被剧烈的咳嗽弄醒。护士们跑进卧室，捶打他的后背，想办法挤出他肺部的毒素。即使他们使他呼吸变正常了——“正常”是指依靠氧气机的帮助——这一折腾也会使他第二天疲惫不堪。

氧气管现在插进了他的鼻子。我讨厌看到那玩艺。在我看来，它代表着彻底的无望。我真想把它拔出来。

“昨天晚上……”莫里轻声说。

昨天晚上怎么啦？

“……我发作得很厉害。它持续了好几个小时，我真不知道能不能挺过来。不能呼吸。胸口一直堵着。有一段时间我快要晕厥过去了……然后又有了某种宁静的感觉，我感到我已经准备好了。”

他眼睛睁开了。“米奇，那是一种最不可思议的感觉。一种既无奈又平静的感觉。我想到了上个星期做过的一个梦：我走过一座桥，进入了一个陌生的地方。我已准备好去任何一个地方。”

但你没有去。

莫里等了一会儿，他微微摇了摇头。“是的，我没有去。但我感觉到我已经能够去了。你能理解吗？

“这就是我们都在寻求的：平静地面对死亡。如果我们知道我们可以这样去面对死亡的话，那么我们就能应付最困难的事情了。”

什么是最困难的？

“与生活讲和。”

他想看后面窗台上的木槿。我把它托举到他面前。他笑了。

“死是很自然的，”他说。“我们之所以对死亡大惊小怪，是因为我们没有把自己视作自然的一部分。我们觉得既然是人就得高于自然。”

他望着木槿笑笑。

“我们并不高于自然。有生就有死。”他看着我。

“你能接受吗?”

是的。

“很好,”他轻声说。“但你有回报。这是人类不同于植物和动物的地方。

“只要我们彼此相爱,并把它珍藏在心里,我们即使死了也不会真正地消亡。你创造的爱依然存在着。所有的记忆依然存在着。你仍然活着——活在每一个你触摸过爱抚过的人的心中。”

他的声音变得粗糙起来。这通常表明他需要休息一会了。我把木槿放回到窗台,然后去关录音机。机子录下的莫里的最后一句话是:

“死亡终结了生命,但没有终结感情的联系。”

对 ALS 的治疗目前有了一些进展:一种处于试验阶段的药物有望获得通过。它并不能治愈患者,但能起到延缓的作用。也许可以延缓几个月。莫里已经听说了这事,但他的病情已经太严重了。而且这种药的上市还需要几个月的时间。

“对我不管用了，”莫里打消了这个念头。

自从患病以后，莫里从未对治愈抱过希望。他非常现实。有一次我问他，如果有人能挥舞魔杖把他治愈，他还会成为以前的那个莫里吗？

他摇摇头。“我不可能再回到过去了。我已经是一个不同于以前的我了。我有了不同的态度和观念。我更充分地感受着自己的身体——我以前没那么做。我还不同于以往地在思索一些重大问题，一些挥之不去的根本问题。

“就是这么回事，你瞧，你一旦涉足这些重大的问题，你就没法抽身离开了。”

什么是重大的问题？

“在我看来，它们离不开爱、责任、精神、意识等范畴。今天我如果是个健康人，这些还将是我要去思考的问题。它们将伴我一生。”

我在想象一个健康的莫里：他掀去盖在身上的毯子，从轮椅上下来，我俩一起去附近散步，就像当年在校园里一样。我突然意识到，看见站着的莫里是十六年前的事了。已经十六年了？

如果你有完全健康的一天，你会怎么做？我问。

“二十四小时？”

二十四小时。

“我想想……早晨起床，进行晨练，吃一顿可口的、有甜面包卷和茶的早餐。然后去游泳，请朋友们共进午餐，我一次只请一两个，于是我们可以谈他们的家庭，谈他们的问题，谈彼此的友情。

“然后我会去公园散步，看看自然的色彩，看看美丽的小鸟，尽情地享受久违的大自然。

“晚上，我们一起去饭店享用上好的意大利面食，也可能是鸭子——我喜欢吃鸭子——剩下的时间就用来跳舞。我会跟所有的人跳，直到跳得精疲力竭。然后回家，美美地睡上一个好觉。”

就这些？

“就这些。”

太普通了。毫不奢侈。我听了真有些失望。我猜想他会飞去意大利与总统共进午餐，或去海边，或想方设法去享受奇异、奢侈的生活。几个月躺下来，连脚都无法动弹——他竟然在极普通的一天里找到了那份完美。

但随后我意识到了这就是一切问题的答案所在。

那天当我离开时，莫里问他能不能提一个话题。

“你弟弟，”他说。

我心里一震。我不知道莫里怎么会知道我的心病的。我几个星期来一直在给西班牙的弟弟去电话，我得知——他的朋友告诉我——他正往返于西班牙和阿姆斯特丹的一家医院。

“米奇，我知道不能和你爱的人在一起是痛苦的。但你应该平静地看待他的愿望。也许他是不想烦扰你的生活。也许他是承受不了那份压力。我要每一个我所认识的人继续他们自己的生活——不要由于我的死而毁了它。”

可他是我弟弟，我说。

“我知道，”莫里说。“所以你会伤心。”

我脑海里又出现了八岁时的彼得，他金色的鬈发蓬成可爱的球状。我们在隔壁的院子里摔跤，泥草透过牛仔裤弄脏了我们的膝盖；我回想起他对着镜子唱歌，拿着梳子当话筒；我还想起我俩躲进阁楼小屋，藏在那里考验父母亲的能耐，是否找得到我们吃晚饭。

随后出现了成年的他，拖着羸弱的身躯远离亲人，化疗使他骨瘦如柴。

莫里，我问，他为什么不想见我？

我的老教授叹了口气。人与人的关系是没有固定公式的。

它需要双方用爱心去促成，给予双方以空间，了解彼此的愿望和需求，了解彼此能做些什么以及各自不同的生活。

“在商业上，人们通过谈判去获胜。他们通过谈判去得到他们想要的东西，但爱却不同。爱是让你像关心自己一样去关心别人。

“你有过和弟弟在一起的美好时光，但你不再拥有这份感情了。你想把它要回来。你从未想让它结束。可这就是生活的一部分。结束，重新开始，结束，重新开始。”

我望着他。所有的死亡我都见到了。我感到茫然无助。

“你会回到你弟弟的身边的，”莫里说。

你怎么知道？

莫里笑了，“你回到了我身边，是不是？”

※

“我那天听到一个有趣的小故事,”莫里说。他闭了一会眼睛,我等他往下说。

“故事讲的是一朵在海洋里漂流了无数个春秋的小海浪。它享受着海风和空气带给它的欢乐——这时它发现,它前面的海浪正在撞向海岸。

“‘我的天,这太可怕了,’小海浪说。‘我也要遭此厄运了!’

“‘这时又涌来了另一朵海浪。它看见小海浪神情黯然,便对它说,‘你为何这般惆怅?’

“小海浪回答说,‘你不明白!我们都要撞上海岸了。我们所有的海浪都将不复存在了!你说这不可怕吗?’

“那朵海浪说,‘不,是你不明白。你不是海浪,你是大海的一部分!’”

我笑了。莫里闭上了眼睛。

“大海的一部分!”他说着,“大海的一部分。”我看着他呼吸,吸进呼出,吸进呼出。

第十四个星期二

——道别

气候又冷又湿，我踏上了莫里家的台阶。我注意到一些细小的东西，那是我以前从未留意的。山体的形状。房子的石墙。富贵草属长青地被植物。低矮的灌木丛。我慢慢地走着，踩着潮湿的枯叶朝上面走去。

夏洛特前一天给我打了电话，告诉我说莫里"不太好"。这是她的表达方式，意思他快不行了。莫里已经取消了所有的约会，大部分时间是睡觉。这对他来说是很不寻常的。他从来不喜欢睡觉，尤其是当有人能跟他说话时。

"他要你来，"夏洛特在电话里说，"可是米奇……"

嗯？

"他非常的虚弱。"

门廊的台阶。大门上的玻璃。我慢慢地、仔细地打量着这一切，似乎我是第一次看见它们。我感觉到了背包里的录音机，我拉开包的拉链想证实一下磁带是否也在包里。我不知道为什么要这么做。我总是磁带不离身的。

是康尼来开的门。她平时很欢快的脸此时显得有些憔悴。她轻轻地问了一声好。

“他怎么样？”我问。

“不太好，”她咬着嘴唇说。“我可不愿去想，他是那么的可爱，你知道。”

我知道。

“真是太叫人难过了。”

夏洛特来到客厅和我拥抱了一下。她说莫里还睡着，虽然已经是上午十点了。我们来到厨房。我帮她收拾了一下，桌上放着一长排的药瓶，犹如一排戴白帽的褐色塑料士兵。我的老教授现在靠服用吗啡来缓气了。

我把带来的食品放进冰箱——汤、蔬菜饼、金枪鱼色拉。我向夏洛特表示了歉意。这样的食品莫里已经有几个月没碰了。尽管我们都知道，但这已经成了一个小小的传统。有时，当你即将失去某个人时，你就尽量想保持这份传统。

我等在起居室里，莫里和特德·科佩尔就是在这间屋子里进行第一次采访的。我拿起了放在桌上的报纸。在明尼苏达，两个儿童在玩他们父亲的枪时被打死。在洛杉矶,一条街上的垃圾箱里发现了一个死婴。

我放下报纸,望着空荡荡的壁炉。我的脚轻轻敲打着硬木地板。终于,我听见了开门和关门的声音,接着夏洛特走了过来。

“行了,”她轻声说。“他在等你。”

我起身朝我熟悉的地方走去。这时我看见有个陌生的女人坐在客厅另一头的一张折椅上,她交叉着双腿在看一本书。这是值二十四小时班的专门护理晚期病人的护士。

莫里的书房空无一人。我有些困惑。随后我犹犹豫豫地转身来到卧室,他在那里,躺在床上,身上盖着毯子。我以前只有一次看见他是躺在床上的——他在接受按摩——我立刻想到了他的那句格言:“当你躺在床上时,你就是死人。”

我走了进去,脸上硬挤出一丝笑容。他穿一件黄色的睡衣,胸口以下盖着毯子。他的身体萎缩得这般厉害,我一时觉得他好像缺少了哪个部位。他小得如同一个孩子。

莫里的嘴巴张开着,脸上的皮紧贴在颧骨上,没一点血色。当他的眼睛转向我时,他想说什么,但我只听见他的喉咙动了一下。

你在这儿,我鼓起身上所有的劲说。

他呼了口气，闭上眼睛，然后笑了，这点努力看来也使他疲惫不堪了。

“我……亲爱的朋友……”他最后说。

我是你的朋友，我说。

“我今天……不太好……”

明天会好些的。

他又吐出一口气，使劲地点点头。他在毯子下面费劲地动弹，我意识到他是想把手伸出来。

“握住……”他说。

我移开毯子，握住了他的手指。他的手握进了我的手掌里。我尽量靠近他，离他的脸只有几英寸的距离。这是我第一次看见他没有刮胡子，细小的白胡须显眼地扎在外面，好像有人在他的脸颊和下巴上均匀地洒了一层盐似的。当他身体的各个部位都在衰竭时，他的胡子却依然有着生命力。

莫里，我轻声叫道。

“叫教练，”他纠正了我。

教练，我说。我打了个寒颤。他的说话非常短促：吸进氧气，呼出词语。他的声音既尖细又刺耳。他身上有一股药膏味。

“你……是个好人。”

好人。

“摸摸我……”他低语道。他把我的手移向胸口。“这儿。”

我觉得喉咙里被什么东西卡住了。

教练?

“嗯?”

我不知道怎么说再见。

他无力地拍拍我的手,仍把它按在胸口上。

“这……就是在说……再见……”

他的呼吸很微弱,吸进,呼出,我能感觉到他的胸腔在上下起伏。他这时正眼望着我。

“爱……你,”他说。

我也爱你,教练。

“知道你……还……”

知道什么?

“你总是……”

他的眼睛眯缝起来,然后他哭了。他的脸就像一个泪腺还没有发育的婴儿一样扭曲着。我紧紧地拥抱了他几分钟。我抚摸着他松弛的肌肤,揉着他的头发。我把手掌贴在他的脸上,感觉到了绷紧的肌肤和像是从滴管里挤出来的晶莹的泪水。

等他的呼吸趋于平稳后，我清了清嗓子说，我知道他累了，我下个星期二再来，到时希望他有好的状态。谢谢，他轻轻地哼了一声，很像是笑的声音，但听来仍让人觉得悲伤。

我拎起了装有录音机的包。为什么还要带这玩意？我知道我们再也不会使用它了。我凑过去吻他，脸贴着脸，胡子贴着胡子，肌肤贴着肌肤，久久没有松开，比平时都要长，我只希望能多给他哪怕是一秒钟的快乐。

行了？我缩回身子说。

我眨眨眼睛忍住了泪水，他看见后咂了咂嘴唇，扬起了眉毛。我希望这是老教授心满意足的开心一刻：他最终还是叫我哭了。

"行了，"他低声说。

毕　业

莫里死于星期六的早上。

他的家人都在他的身边。罗布从东京赶了回来——他要和父亲吻别——乔恩也在那儿，当然还有夏洛特以及她的表妹马莎，她在那次非正式的葬礼上写的那首诗曾深深地感动了莫里，那首诗把莫里比作一棵“温柔的红杉”。他们轮流睡在他的床边。我最后一次见到他以后，莫里昏迷了两天，医生说他随时都会走的。但他仍拖了一个难捱的下午和一个黑暗的夜晚。

最后，在十一月四日，当他的亲人刚离开房间一会儿——去厨房拿咖啡，这也是他昏迷后第一次没有人在他身边——莫里停止了呼吸。

他走了。

我相信他是有意这么做的。他不想有凄惨的时刻，不想让人看见他断气的情形从而抹不去这可怕的记忆，就像他无法抹去那份宣告母亲死亡的电报和陈尸所里父亲的尸体留给他的可怕记忆一样。

我相信他知道他是在自己的床上；他的书，他的笔记，他的小木槿都在他的身边。他想安宁地离去，他确实走得很安宁。

葬礼在一个潮湿、刮风的早上举行。草地湿润，天空是乳白色的。我们伫立在土坑的周围，听见了河水的拍打声，还看见鸭子在抖动羽毛。

虽然有很多人想来参加葬礼，但夏洛特还是没有铺张，来参加葬礼的只有几个亲朋好友。阿克塞尔拉德拉比诵读了几首诗。根据习俗，莫里的弟弟大卫——小儿麻痹症使他落下了跛脚的后遗症——挥铲将泥土洒向墓穴。

当莫里的骨灰下葬时，我抬头环视了一下墓地。莫里说得对。那儿确实是个好地方，树木，青草，斜坡。

“你说，我听，”他这么说过。

我暗暗试了试，令我高兴的是，我发现那想象中的对话是如此的自然。我低头看了看手表，明白了为什么。

今天是星期二。

※

“父亲走过我们面前，
唱着树上长出的新叶
(孩子们相信那到来的春天
也会和着父亲起舞翩翩)……”

——E·E·卡明斯的一首诗，在葬礼上由莫里的儿子罗布诵读

结　尾

我有时回头看看以前的那个我，那个还没有重新找到莫里时的我。我想跟他交谈。我想告诉他生活中应该追求什么，应该避免什么样的错误。我想让他感情更开放些，不要受商业价值观的诱惑，去倾听你所爱的人的话语，就像你是在最后一次倾听他们的说话那样。

我最想告诉他的是要他乘上飞机去看望马萨诸塞州西纽顿的一位可亲的长者，而且事不宜迟，要赶在他患上重病、连跳舞的能力也丧失之前。

我知道我是无法这么做的。我们没有一个人能擦掉生活过的痕迹，同样也不能重新再生活一次。然而，如果说莫里·施瓦茨教授教会了我什么的话，那便是：生活中没有“来不及”这个词。他直到说再见的那一天还在改变着自己。

莫里逝世后不久，我在西班牙见到了我弟弟。我们进行了一次长谈。我对他说我尊重他的距离感，我所希望的是能和他保持联系——不仅是过去，还有现在——让我的生活中尽量拥有他。

“你是我唯一的弟弟，”我说。“我不想失去你。我爱你。”

我以前从来没有对他说过这样的话。

几天以后，我在传真机上收到了他的信。信打印得很凌乱，标点不准确，而且全是大写字母，这是我弟弟的书写特征。

“你好，我也跨进了九十年代！”信的开头写道。他还写了几件小事，他这个星期的活动，还有几个笑话。他最后的结束语是这么写的：

我眼下得了胃灼热和腹泻——生活真他妈的差劲。以后再聊？

［签名］烂屁股

我大笑不止，直到眼眶里盈满了泪水。

写这本书主要是莫里的想法。他把它称作是我们的“期终论文”。这项工作的最大收益在于它使我们靠得更近了。听说有好几个出版商对它表示出兴趣，莫里非常高兴，尽管他生前没来得及和他们见面。书的预付金帮助莫里支付了巨大的医药费用，对此我们都非常感激。

书名是有一天在莫里的书房里想到的。他很喜欢起名。他先提了几个建议。后来我说，“叫相约星期二[①]怎么样？”他不无腼腆地笑了，于是我知道书名已经定了。

莫里去世后，我翻出了几只装有大学旧物的盒子。我发现了一篇他的一门课的期终论文。它离现在已经有二十年了。论文的封面上有我用铅笔写给莫里的话，下面是他写的评语。

我的开头是，“亲爱的教练……”

他的开头是，“亲爱的队员……”

不知怎么的，每次我看到它时，我就会更加怀念莫里。

你一生中遇到过一个好老师吗？他把你视作一块未经雕琢的玉石，他会用智慧把你打磨得璀璨发亮。如果你幸运地找到了一条通向他们的途径，那么你在生活中就不会迷失了方向。有时这条途径只在你的脑子里；有时这条途径就在他们的病榻边。

我的老教授一生中的最后一门课每星期上一次，授课的地

① 原文直译是“和莫里在一起的星期二”。

点在他家里，就在书房的窗前，他在那儿可以看到淡红色树叶从一棵小木槿上掉落下来。课在每个星期二上。课堂上不需要书本。课的内容是讨论生活的意义。是用他的亲身经历来教授的。

这门课仍在继续。